FOLLOWING FIFI

MY ADVENTURES AMONG WILD CHIMPANZEES: LESSONS FROM OUR CLOSEST RELATIVES

JOHN
CROCKER

我 的 动 物 朋 友

与菲菲一起生活

野生黑猩猩教会我的事

〔美〕约翰·克洛克 著

刘海静 译

人民文学出版社

PEOPLE'S LITERATURE PUBLISHING HOUSE

著作权合同登记号 图字 01-2019-6743

FOLLOWING FIFI
My Adventures Among Wild Chimpanzees: Lessons from our Closest Relatives
Copyright © 2017 by John Crocker
This edition arranged with Tessler Literary Agency
Through Andrew Nurnberg Associates International Limited

图书在版编目 (CIP) 数据

　　与菲菲一起生活 ：野生黑猩猩教会我的事 ／（美）
约翰・克洛克著 ； 刘海静译 . -- 北京 ：人民文学出版
社， 2022
　　（我的动物朋友）
　　ISBN 978-7-02-017294-8

　　Ⅰ．①与… Ⅱ．①约… ②刘… Ⅲ．①黑猩猩—普及
读物 Ⅳ．① Q959.848-49

中国版本图书馆 CIP 数据核字（2022）第 120526 号

责任编辑　朱卫净　王雪纯
装帧设计　钱　珺

出版发行　人民文学出版社
社　　址　北京市朝内大街166号
邮政编码　100705

印　　刷　上海盛通时代印刷有限公司
经　　销　全国新华书店等

字　　数　245千字
开　　本　890毫米×1240毫米　1/32
印　　张　10.25　插页　14
版　　次　2022年2月北京第1版
印　　次　2022年2月第1次印刷

书　　号　978-7-02-017294-8
定　　价　79.00元

如有印装质量问题，请与本社图书销售中心调换。电话：010-65233595

我将此书献给珍妮·古道尔

因其日复一日的非凡壮举——

为年轻人和年长者带来的希望和意义。

她用自己的一生，激励全世界成千上万的人，

为芸芸众生创造更美好的生存环境。

珍妮也将乐于知道，此书同样献给另一位母亲——菲菲。

她让我们对灵长类动物哺育后代的方式更为了解，

也让我们在养育后代的课题上，

对耐心和安全感的意义获得了更深刻的认识。

序

　　约翰·克洛克写了一本让人着迷的书。读着这本书，我仿佛又被带回和那时年纪尚小的儿子格鲁伯在贡贝（Gombe）共度的精彩时光。正是在这些遥远的日子里，斯坦福大学人类生物学系的一批本科生来到贡贝，协助我收集材料。他们聪明、热情、出类拔萃。他们中的很多人是医学预科生，约翰就是其中之一。

　　观察这些新来的大学生在贡贝所受到的触动——这些触动来自黑猩猩、狒狒、森林，以及与文化背景迥异的年轻坦桑尼亚田野工作者的近距离接触——对我而言是件很有兴味的事。我也乐于看到他们的转变。尽管我们已经努力做了一些改进，但居住地条件的原始程度还是让一些大学生略感意外。有的大学生一开始很紧张，而有的大学生则似乎对一切都能从容应对。约翰安静，有点羞涩，话不多。他非常细心。我注意到他对一切事都充满兴趣，总是尽力吸收新知识。

我们分配给约翰的任务是在森林中追踪四位黑猩猩母亲：菲菲、梅丽莎、帕森、诺娃，并记录她们如何与自己年幼的子女互动。随着时间的推移，我认识到约翰是个非常出色的观察者。与有些人不同，他在试图理解黑猩猩的行为时并不怯于利用自己的直觉。

同约翰讨论他的观点使我感到愉快。事实上，我对这些探讨的珍视比他意识到的更多。那个时候我几乎没有时间去实地观察黑猩猩，因为我忙于管理研究站、记录数据——以及做一个好妈妈！没法跟学生们一块儿展开工作，有时候我会觉得有点孤独。约翰是让我感到除师生关系外还有一层默契关系的少数几个学生之一。

我从一开始就知道他会成为一个出色的家庭医生。因为他总是那么乐于助人、敏感和贴心。但直到很久之后——特别是读了他这本书的初稿之后——我才了解贡贝的经历对他的影响有多么深。长期在荒僻森林中与人类的近亲相处，使他对人类的状况有了独特的认识，而他的病人则无疑会从这一认识中受益。

好医生不一定是好作家，而约翰偏偏两者都是。讲到自己在森林中的经验、他对黑猩猩日渐浓厚的感情、他从黑猩猩那里学到的东西时，他的文笔是那么生动。他同样分享了与一位年轻的坦桑尼亚田野工作者结下的友谊。他们在森林中一起度过了很多时光。约翰从他那里学到很多东西。多年之后，约翰也发现，那个人也从他身上获益良多。在叙述中，所有这些经验与他日后作为一个忙碌的医务工作者的经验衔接得天衣无缝。

约翰对幼年黑猩猩与母亲和其他家庭成员互动的观察，增进了他对人类孩童所面临的问题的理解。这部分内容读来也很有意思。年轻的雄性黑猩猩常有夸张的力量展示行为，通过对这些行为的理解，约翰对人类青少年男孩的任性行为背后的潜在原因给出了精确的解释。从他研究过的黑猩猩和他的坦桑尼亚朋友处获得的教益，让约翰对社区的意义、来自友人的情感支持和孩童与一位或多位值得信任的成人结成亲密关系的必要性，有了更深刻的认识。

最后，还有家庭和集体对于黑猩猩和人类的重要性，以及约翰自己与家人的关系。约翰与自己处于青年期的儿子重游贡贝的旅程是本书的重要组成部分。约翰希望这次旅程对于自己和儿子汤米都能成为美好的体验。汤米能理解为何这个小小的、人与动物共处其中的国家公园对约翰来说有如此重大的意义吗？父亲与儿子分享他对此地的热爱，这部分叙述令人感动。他在这里收获了那么多东西。同样动人的还有约翰与他的坦桑尼亚伙伴哈米斯的重聚。他们在贡贝结下的友情经过了时间的考验。

约翰，我要感谢你写作这本书。你与菲菲、弗洛伊德、梅丽莎和葛姆林共处的记述，我读得很开心。你的书把我带回了另一个时期——那时我尚未踏上为环保事业奔走的路途，你也还未投入家庭医生的行列。在今天的世界，家庭医生的繁重工作有时实在令人难以承受。你的书不光是把我带回贡贝，也让我思索贡贝对我的生命的影响。很高兴我们曾在那里共度一段时光，很高兴你我的友谊同样延续了这么多年。

珍妮·古道尔

前　言

　　1973 年 6 月，我在斯坦福的同学们已为毕业做足准备，而我则踏上了一段为期八个月的旅途。我的目的是研究因珍妮·古道尔博士而为人熟知的黑猩猩。这次的研究将永远地改变了我的世界观和我自己。在未来的岁月里，我与古道尔博士及黑猩猩族群共处的时光同样也影响了我身为父亲和家庭医生的角色。

　　除开从黑猩猩身上学到的智慧，在坦桑尼亚贡贝河国家公园中的探索对我而言也是愉快的经历。这个公园位于坦噶尼喀湖畔，方圆十英里 ①，景色极为优美。我依然清晰地记得雨季来临时花朵的芬芳香气，还有坦噶尼喀湖对岸、绵延的刚果山脉之外，那壮丽辉煌的落日景象。我依然能回忆起当我夜间睡在茅屋时，非洲野猪在林间发出的窸窣声响和蟋蟀的低鸣。美丽的鸟儿和奇怪的昆虫会突然出现在我眼

————————

　　①　1 英里约为 1.61 千米。

前，勾起我的好奇之心。黑色的和绿色的曼巴蛇悄无声息地爬过，时不时把我的眼光吸引过去；古老的鱼类在清澈的湖水中游动，赏心悦目。在晴朗无云的夜晚，灿烂的星辰让多数新来者都感到惊异，因为他们还不习惯看到银河与地球竟如此亲密。

在我写给父母的信里、我的日志里和田野笔记里，都记录了我对野生森林的印象和我与黑猩猩共处的时光。后来我回到了家乡，完成了医学训练，开始以家庭医生的身份加班加点地工作，同时还要供养住在西雅图的家人。在这些日子里，我时常回想起我在贡贝的岁月。

时至今日，我仍几乎每天都会想到黑猩猩和珍妮·古道尔对我们理解灵长类动物的行为所做的贡献。在抚育儿子及诊疗病人的过程中，我也融入了我从黑猩猩母亲那里学来的经验。牢固的情感联系、身体接触和安全感的重要意义，已内化成为我认知的一部分。我学到的经验提醒我，在对待我的儿子和病人时，我需要保持耐心和专注，就如黑猩猩母亲对待自己的后代所做的那样。我尤其会想到菲菲——一个黑猩猩族群的女族长——与她的儿子弗洛伊德的关系。

每当看到自己的诊疗室里吵吵闹闹、举止奇怪的年轻病人时，我都会想起菲菲。她对弗洛伊德的胡闹和嬉戏总是报以接受和默许的态度。以她做榜样，我也把宽容注入养育孩子和接诊病人的过程中。同时我也记得，只要森林中出现危险状况，菲菲总会抛开耐心，一把抓起弗洛伊德，把他紧紧抱在怀里，迅速逃走。这种根深蒂固的人类灵长类动物行为反映了我们作为父母的本能。我大儿子两岁那年，有次我正准备为他拍照，却看到他摇摇晃晃地走到了一个大鱼塘边上。我立刻扔下相机，大喊着一把抓住了他。这是一个家长的自发反应。那一刻，我觉得我成了菲菲。

在我的行医实践中，我发现以进化论的眼光去审视焦虑和注意力障碍（ADHD）等常见病症对我颇有帮助。了解到黑猩猩和人类DNA的相似性之后，我想起了弗罗多。他是一个黑猩猩族群的首领，具有注意力障碍的特征。我理解了为何这些特征反而能让他成功地服务自己的族群，为何类似的特征在今日的人类世界中仍可能持久存在。随着时间的推移，我更认识到，个体独特的基因构成对于理解他的抑郁和焦虑有多么重要的意义。

贡贝的黑猩猩对我个人和职业生活的影响如此深刻。时隔三十二年，我不由自主地拿出我父母精心保存的那些信件，并以这些信件为基础，与别人分享我的故事。

本书的第一部分是我二十二岁那年贡贝之旅的记录。本书的第二部分呈现了我行医时遇到的一些临床案例。这些案例显示了与珍妮和黑猩猩的共处经验对我诊疗抑郁症患者、焦虑症患者以及其他类型的患者所产生的影响。本书的第三部分是三十六年后，我带着二十岁的儿子重返贡贝的情感写照。在这部分内容里我记述了与珍妮、黑猩猩和几位当年的田野助手的重聚。在野外与黑猩猩的接触对我育儿方式和世界观的影响点缀于全书各处。与珍妮、我的儿子、我的坦桑尼亚田野助手以及黑猩猩的关系是贯穿全书的重点。

在贡贝的经历成为我身为医者和父亲的根基。这出乎我的意料。这段经历也激励我为保护黑猩猩及其居住环境发出自己的声音。与这些非凡的生灵在他们美妙的领地中共度的时日让我更深刻地领会到了身为人类的意义。

主角们

菲 菲

有其母必有其女。菲菲的妈妈斐洛十分有名。斐洛是个富有魅力的女族长，珍妮在贡贝的早些年间曾对她做过深入研究。珍妮抵达营地之前，斐洛刚诞下菲菲。我到贡贝时，菲菲已经十五岁了。作为一个妈妈，菲菲的自信和顽皮格外引人注意。我经常见到她挠弗洛伊德的痒痒，同他一道在地上打滚。弗洛伊德笑个不停，一再央求菲菲再多来几次。我十分喜欢菲菲貌似无为却有实效的育儿方式。她不仅这样养育弗洛伊德，对另外八个后代也是如此！她强壮又好动。有人曾看到她凭一己之力猎杀了一头南非大羚羊做食物。这对一只单独行动的雌性大猩猩来说可不一般。菲菲在凯瑟克拉（Kasekela）谷的黑猩猩族群中备受尊重，与族群成员相处融洽。甚至连动物研究者都认为她魅力十足。说到耐心、安全感和信心在育儿中的重要意义，与凯瑟克拉族群的其他黑猩猩相比，菲菲教我的东西最多。

弗洛伊德

弗洛伊德同任何同类或任何东西都能玩到一块儿。才两岁半时，他的能力和信心就已经超过多数与他同龄的雄性猩猩了。他体力格外强健，因此他可以在高高的树枝间晃荡跳跃。当他蹦蹦跳跳地跟在妈妈后面时，偶尔会顽皮地单脚着地旋转几圈或抓住低垂的树枝荡几下秋千，之后又跑着去追赶妈妈。他最有名的事迹是跑到一大队狒狒中捣乱，然后躲到树上，四五只雄性大狒狒在树底下守着。从很小的时候起，他便显示出超群的灵活、自信和无畏。弗洛伊德成为贡贝黑猩猩族群的首领是注定的事。

斐 刚

斐刚是菲菲的哥哥，也是菲菲所属的黑猩猩族群的首领。他精明、强壮而又称职，具有维持高位所需的适度侵略性和暴脾气。他备受尊重，体格精壮，头脑灵活，但又不像其他处于高位的雄性猩猩一样爱炫耀。

帕　森

　　帕森不是一个特别尽职的母亲。或许因为她寻求食物的意愿特别强烈，帕森对自己两岁的儿子普卢福不像其他黑猩猩妈妈那样用心。普卢福哭闹时，帕森有时根本不加理会——特别是她坐在高高的树上吃水果时——哪怕他就在身旁。她偏好孤独，不怎么跟其他的黑猩猩交往，也不太向其他的成年雌性黑猩猩展示力量。帕森和博姆（她的大女儿）所做的事简直不可想象——在两年的时间里，她们吃掉了最少三只黑猩猩幼崽。

普卢福

　　骑在帕森背上时，普卢福喜欢玩杂技。但如果帕森显得紧张、心不在焉或仅仅是对他爱答不理，他就不那么活泼了。或许因为这一点，当普卢福意识到帕森准备迁徙到别的地方时，他对妈妈总是特别热心。他对妈妈很依恋。妈妈越是心不在焉，他就越是依恋。幸运的是，普卢福可以同他的大姐姐博姆一块儿玩耍。她弥补了普卢福从妈妈那里得不到的游戏时光。

梅丽莎

梅丽莎是一个安静、贴心、小心翼翼的母亲。她育有两个后代：十岁的葛布林和三岁的葛姆林。梅丽莎乐意与别的黑猩猩一块儿活动，但又不像某些黑猩猩妈妈那么热衷于梳毛等活动。她对于葛姆林非常有耐心。有一次她足足等了葛姆林三十分钟，直到她玩耍够了才同她一块儿离开。她和葛姆林之间非常有默契，有一套属于自己的、复杂而微妙的交流方式。

葛姆林

对于捉白蚁和筑窝的基本生存技能，葛姆林学得很快。她长久而专注地静静观察着她的母亲梅丽莎。她的一个独特之处是总喜欢在身边带一些物件，例如马钱子果实、花朵，甚至她在营地边上捡到的一件T恤。她还曾被观察到有节奏地拍击一根空心的树干，一般只有雄性黑猩猩才有这种行为。她另一个比较特别的行为是，她会主动请求梅丽莎把自己带走。感到特别害怕的时候，葛姆林会向梅丽莎伸出双手，打手势请妈妈把她抱起来。这极不寻常。其他的黑猩猩遇到这种情况一般只会哭闹，之后才靠近母亲。葛姆林很有自信，喜欢跟弗洛伊德玩。后来她成为一位十分出色的母亲。她是有记录可查的第一只将一对双胞胎在野外环境中抚养长大的黑猩猩。

非洲

贡贝河国家公园
基戈马市

坦噶尼
喀湖

肯尼亚

乞力马扎罗山

坦桑
尼亚

达累斯萨拉姆

研究地点位置图
贡贝河国家公园

我的林中小屋

目　录／

第一部分　初涉丛林

第一章

抵达贡贝

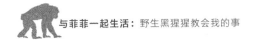

1973 年 6 月，贡贝河国家公园，坦桑尼亚，东非。

我呆呆地坐在那里，背靠着结实的树干。那是一棵树形高大优美的棕榈树。置身于坦桑尼亚森林之中，我被它的美丽与奇异彻底迷醉了。处在这么一个原始环境里，我既高度紧张，又冷静得出奇。

陪伴我的是我的田野助手朱玛。他只会说斯瓦希里语。他黝黑的皮肤与我浅肤色的脸庞形成了鲜明的对比。朱玛体格健壮，充满自信，对黑猩猩和这块土地都了如指掌。我认识他不过就是几个星期的事儿。他曾熟练地引领我穿越陡峭的峡谷，追踪和观察一群黑猩猩。这群黑猩猩共有五十只，是一个社群。在这一过程中，我们成了深有默契的好友。

不像在我的故乡明尼苏达，我们周围没有常绿灌木，也没有冰冻的土地。这里的空气温暖而潮湿。在林间各种声音组成的合唱中，我的思绪挣脱了世俗事务的羁绊——我不再费心去想给汽车加油、去银行、买杂货、跟朋友一块儿吃午饭之类的事。事实上，我几乎没有刻意在想任何事。有那么一会儿，我只是望着森林中一朵鲜艳的红色花朵发呆，遐想逝去的时光。我试着用蹩脚的斯瓦希里语告诉朱玛一些我的个人经历。那时我们正站在午后的树荫下，等待二十一岁的斐刚从附近的一棵树上爬下来。斐刚是一个名为凯瑟克拉黑猩猩族群的雄性首领。

"快看！"朱玛指向那棵树。斐刚从那棵树上轻轻松松地爬了下来，随后朝我们的方向走来。斐刚毛发的乌黑程度和他重达85磅①的精壮体格让我暗自惊讶。他四肢并用，肩膀高过弯曲有力的后腿，面朝我们而来，带着满满的自信。他走近我们，近到连呼吸声都清晰可闻；随即又抽身离开，仿佛我们根本不存在。

朱玛和我一动不动地坐在那里，生怕引起他的注意。他走过我们时，我的心狂跳不已。如果斐刚愿意，他眨眼间就能把一个成年男子撕成碎片。

突然，斐刚停下了。他转头去倾听回荡的啸声。这啸声从一处草木葱郁的山谷里传来，是他的哥哥法本发出的。斐刚也发出一阵热烈的啸声予以回应。

这样的情形是否也曾出现在四百万年前？那时原始人才刚刚出现。他们所处的环境与我们置身的这片森林也很接近。看着斐刚，我不由得想起我们原始时代的祖先。不知他们长什么样子，如何在森林中生存，又同他们血缘最近的生灵——黑猩猩保持着怎样的关系。

朱玛碰了碰我的胳膊，打手势让我跟上去。他随后领着我穿过浓密的藤蔓和低垂的树枝，步行几英里抵达了另一处山谷。在那里，母猩猩正带着她们的幼崽同公猩猩一起享用刚刚成熟的马邦果。这种果子又叫奶苹果。

马邦果的果实缀满树梢。这种水果很有营养，浆汁浓稠，味道甘甜。黑猩猩若无其事地坐在脆弱的树枝上采食水果的时候，他们便用手脚紧紧抓住树枝。我惊叹于他们的这种本事。这些长达二至三英

---

① 1磅约为0.454千克。

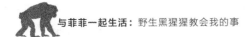

寸①的果子让我口水直流，肚子咕咕叫。我上一顿饭吃的是抹了花生酱的三明治，这已经是六个小时之前的事了。

薄暮降临，太阳渐渐西沉，成年黑猩猩仔细挑选好了他们将要在上面筑窝过夜的树木。黑猩猩幼崽与母亲紧紧偎依在一起，雄性黑猩猩从新筑好的巢里发出低沉的啸声，将自己的位置告诉同伴。紫红色的天空逐渐融入暮色中，森林重新变得安静。于是我和朱玛也朝营地走去，与我们的人类同伴会合。

把我引到非洲这片荒僻之地的机缘出现于 1971 年的秋天。那年我还在斯坦福读大三。我报名参加了一个灵长类动物行为学习班。这个班属于人类生物学的课程范畴，讲课人是斯坦福大学新来的访问学者珍妮·古道尔。我至今记得当时的情景。大礼堂有三百个座位，我坐在第二排看着著名的古道尔博士在一块巨大的屏幕上播放《国家地理》杂志拍摄的彩色纪录片。这是我第一次亲眼见到她本人。我被片中的一个特写镜头深深吸引住了：她坐在距离一个黑猩猩家族只有几码②远的地方。这个黑猩猩家族她已经研究了十年。这位优雅的英国女士是人类中头一个与黑猩猩族群如此接近的人。看着她在影片中以温柔的目光注视着野生环境中的黑猩猩，我感觉自己好像也在她身旁。

后来，我脑中不断浮现出当珍妮第一次接触黑猩猩时，年长的黑

---

① 1 英寸约为 2.54 厘米。

② 1 码约为 0.9144 米。

猩猩灰胡子大卫用手势向珍妮表达接纳之意的画面。珍妮向他伸出手，他也去触碰珍妮的手，小心翼翼地——全世界无数人都知道这个画面。它显示了不同生物之间的联系。这一画面对我们也是一个温柔的提醒：我们人类有 96% 的 DNA 跟黑猩猩是相同的。

接下来的两个月，尽管我努力想把精神集中在学业上，但珍妮和黑猩猩已经在我脑中扎下了根。记住克雷伯氏循环和学习有机化学对我来说变得不如以前那么重要，而珍妮和黑猩猩则比以前更重要。以往，在本科生图书馆的小隔间里，哪怕面对沉闷无聊的作业，我一般也能很专注，但现在，只要想到珍妮在贡贝的野外观察斐洛抚育后代的事情，我便难以再集中心神。斐洛是黑猩猩族群中一位富有魅力的女族长，育有菲菲和斐刚两个后代。

出于对儿童发展的兴趣，当时我正在考虑将儿科医生或家庭医生作为职业。或许在潜意识中，我选择踏入这一领域的动机与我想更好地理解自己的成长有关。我知道或许我家的紧张氛围对我青少年和大学时期的自信和安全感有一定影响。古道尔博士研究的重点之一便是贡贝黑猩猩族群中母亲与幼崽的关系，这让我很心动。因此我申请了斯坦福大学在贡贝的研究项目。那时几乎没有学生参与这个项目，只有两个学生每隔半年会去那里展开针对黑猩猩的研究。

作为申请的一部分，我需要接受校方的面试。在面试中，我总算能轻松地谈论年幼的黑猩猩能在野外顺利成长这件事多让我着迷了。为了保证他们理解我的未来计划，我坦率地说："我并不打算把人类学当作职业。毕业后我打算学医。"但我没有告诉他们，尽管我喜欢户外，却从未露营过。

一天，我正在做化学作业，一个室友重重的敲门声把我吓了一跳。他说走廊的电话里有人找我。

我走到走廊里去接电话。

"是约翰·克洛克吗?"电话那头一个女人的声音问。我还在想着我的化学作业，于是心不在焉地回答说是的。但她接下来说的话一下子就完全抓住了我的心思："我打电话来是要告诉你，你已经入选了斯坦福大学在贡贝的研究项目!"我高兴得从地板上跳起来。在我挂掉电话之前，我便开始想象我、珍妮和黑猩猩出现在一片美景中的画面。那是我在珍妮的影片里见过的美景。我知道我一定会亲眼见证黑猩猩母亲与幼崽的亲密关系。当时我并不知道，这次灵长类动物研习活动带给我的独特智慧将会为我以后的家庭医生生涯带来那么多的助益。

在这之前，我曾在位于帕洛阿尔托的半岛儿童中心做过一年志愿者，帮助患有自闭症和精神分裂症的青少年。在那里，从正常儿童到行为极为病态的儿童我都接触了一遍。我也曾读到过关于幼儿时期有过隔离经历的恒河猴的资料，哪怕他们只被隔离了很短的时间，他们的社交技巧也会因此而受到严重影响。半岛儿童中心那些孩子的紊乱行为是基因遗传导致的，与之相比，恒河猴的异常行为更多源于环境因素。但无论是猴子还是这些儿童，他们在社群内都有相似的社交困难征候。随着我对灵长类动物行为了解的深入，非人类灵长动物和人类行为的相似程度更加让我吃惊。

从古道尔博士的影片里——包括她的第一部纪录片《古道尔小姐和野生黑猩猩》——我已经清楚地知道，贡贝的黑猩猩在行为上与人类有很多相似之处。我也开始意识到,他们也可能会有某些与人类相似的情感。当我在影片中看到母亲死去时黑猩猩弗林特的反应时,我被震撼了。这只八岁的黑猩猩所经历的悲痛似乎跟人类任何一个孩童一样。

看到躺倒在河边死去的妈妈时,弗林特先是一次次地接近她、触碰她,之后开始尖叫、退缩。接下来的整整三周,他一直守在母亲的尸体旁边,显得十分沮丧。他不吃不喝,不久就在离斐洛的尸体不远的地方死去了。当年,五岁的弗林特被母亲断奶时,和让人烦得要死的两岁人类孩子一样,他也会动不动就发火使性子。这类行为引起了我的关注,也使我想到以前我是如何低估了黑猩猩感受悲痛之情的能力。在我的贡贝之旅结束之前,我就已经学到了如此多的东西——这要归功于珍妮·古道尔非凡的指引和教诲。

古道尔博士的事迹早已广为人知,几乎不需要重提。她从小就梦想着到非洲去研究动物。中学毕业后,她努力工作,终于攒够了去肯尼亚的船票钱。在肯尼亚她结识了著名的考古学家路易斯·利基博士。后来他委派珍妮首次对生活在坦噶尼喀湖沿岸偏僻森林中的黑猩猩族群展开研究。

二十世纪六十年代,珍妮开始研究黑猩猩时,她唯一的支持只有母亲范妮和一个坦桑尼亚向导。珍妮的生活与她研究的黑猩猩交织在一起,如今她的名字与这些黑猩猩已密不可分。以前很多人只在动物园里见过黑猩猩,珍妮针对黑猩猩的生活所做的开创性研究将黑猩猩带入了这些人的视野。她让人们认识到,黑猩猩是人类的近亲——他们的个性、情感和行为可以反映出人类的某些特性。

我只有一年时间为贡贝之旅做准备。因此我利用业余时间在斯坦福语言实验室里听磁带学习斯瓦希里语，还去了南加州的狮境野生动物园研究生活在一个岛屿上的黑猩猩。我和一位退休的灵长类动物学家终日坐在一只划艇中远远地观察岛上的灵长类动物。他教我辨别黑猩猩叫声的不同含义。我没有把我学黑猩猩叫的事告诉我的父母。因为我延期入读医学院的事，他们的意见本来就够大了。不久之后，又发生了一件意料之外的事，这件事带给我的收获超过我的预期。

遇见巴布

巴布是一只活泼的黑猩猩孤儿。他一直由一对富有爱心的人类夫妇乔伊和简妮特·霍尔亲自抚养。巴布出生于西非。他被盗猎者从母亲身边抓走，在当地市场上当作食物出售。这对喜欢动物的美国老人当时在利比里亚有一个为期三个月的外派任务。他们从另一对夫妇那里接手了巴布。那对夫妇为了救巴布一命，把他从市场上买了回来。乔伊和简妮特为巴布重新买了一个好看的筐子，供他在里面睡觉。在他们的外派任务结束之前，这对美国夫妇一直用奶粉喂养巴布。后来他们又把巴布带到了美国。从此他们位于加利福尼亚州伍德赛德那座乡村风格的房子便成了巴布的家。这对夫妇为抚养巴布花费了不少时间和精力，但巴布长到两岁时，变得越来越有攻击性——这是正常情况——他需要时时有人盯着。

乔伊和简妮特从他们在斯坦福大学的朋友处听说我准备跟着珍妮·古道尔研究黑猩猩，于是理所当然地认为我应该很懂这些灵长类动物。他们联系到我，问我是否愿意照顾巴布。

在没有任何人事先告知的情况下，简妮特就给我打来了电话。她解释道："我们想找个人每周抽一下午的时间照顾我们的黑猩猩幼崽，好让我们能外出购物和处理杂事。你是我们的最佳人选，因为你了解他们的行为。"

事实上，我根本不知道怎么跟年幼的黑猩猩打交道。我刚刚开始学习珍妮讲黑猩猩母亲如何在野生环境中抚育幼崽的课程，对在人类社区中养育被捕获的黑猩猩可能会面临的危险和实际困难，我谈不上什么了解。从黑猩猩的体力来说，他足以对养育者造成严重伤害，尤其是在黑猩猩的发育期。尽管如此，当这对夫妇提出让我课余时间带巴布去野外兜兜风的时候，我还是答应了。

我来到了巴布的家。当我走进屋子同简妮特寒暄时，巴布不停地从沙发跳到桌子上，又从桌子跳到地板上，随后又跳到厨房的餐台上，十分活跃。我惊奇地望着他，不禁自问我是否有能力独自应付这个精力旺盛的毛孩子。但片刻之后，当我们离开房子，头一次一块儿外出时，他的注意力差不多完全放在了我身上。

每周巴布和我都会探索一个新地方。我们造访不同的公园和自然景观。我发觉巴布可能会对陌生人做出攻击行为，特别是某个挤占他空间的小孩让他觉得受到威胁时。但我很快就明白了，他其实是对遇到的陌生动物或人感到害怕，不愿意与他们接触。他要我留在他的视线之内，这样他才有安全感。一开始我担心如果他跑掉的话我将再也找不到他。后来我发现他对自己的看护者十分依赖，总是紧紧跟着我。

外出时，巴布就坐在我汽车的前排座位上。那是辆深绿色的

1963 年产野马汽车。透过窗户，他朝路过的车辆和景色张望。红灯很烦人，因为我旁边车上的乘客看到巴布盯着他们瞧时总会吓一跳。

和在野外生活的黑猩猩幼崽一样，巴布也需要吃奶。因此外出时我会备几瓶牛奶，此外还有苹果、香蕉和无花果。有需要时，他会乖乖地让我替他换尿布——幸亏只是一次性纸尿布。

每次我跟巴布一块儿去他最喜欢的一个城市公园玩时，我这位毛茸茸的、穿着尿布的伙伴都会招来家长们的目光。巴布喜欢从游乐设施上面一下子跳过去，然后一边用一条胳膊打着秋千，一边观察周围的环境。他喜欢待在远离地面的高处，因此他玩耍时不会干扰到地面上离他 12 英尺① 远的孩童们。

如果狗或尖叫的孩童惊吓到了他，巴布会跑向我，缩在我的臂弯里，用全身力气抱住我的身子。接下来我在公园里逛时，他会一直这样紧紧依偎在我身上，直到感到足够安全了，才会重新回到高处继续他不同寻常的游戏。他躲在我怀中时，有时会有好奇的孩子围过来，打量被我搂在怀中的这个毛茸茸的家伙。但多数公园里的孩子都沉浸在游戏里，不太注意巴布的存在。有一天，一个父亲走向我，笑着对我说："嗨，你的孩子可真够丑的！"我也朝他笑了笑，心里十分得意。

人们对我们的关系感到好奇。他们想知道为什么一个二十一岁的大学生会跟一只穿尿裤的黑猩猩幼崽一块儿出现在公园里。有时我也

① 1 英尺约为 0.305 米。

想知道人们是怎么看我们的，但那毕竟是二十世纪七十年代的加利福尼亚州，什么事都可能发生。不管别人怎么看我们，从巴布那里，我第一次体会到了做父亲的强烈感觉。我喜欢这一看护者的角色，看巴布爬树、探索周围的环境同样让我很开心。

我动身去非洲的日子越来越近了。有一天，简妮特走到我身边。那时我和巴布刚刚散步回来。一想到即将离开他，我就感到有点难过。

"约翰，"简妮特温和地说，我立刻担心起来，"约翰，有件事我要跟你说。等你从非洲回来，巴布就已经不在我家了。"尽管我一直安慰自己说等我回来后，我和巴布的友谊还会继续，但对简妮特的话我并不感到意外。她继续说道："巴布的攻击性越来越强，我们不能让他继续留在这里了。他需要与别的黑猩猩做伴，需要一个更合适的家。"

巴布将会被送到斯坦福大学附近的一个大型户外黑猩猩保育所，他将与在那里的其他黑猩猩交流。为了使这一过程得以顺利进行，他必须断绝与人类的联系。我知道他们这么做是对的。巴布日益强壮，把他限制在家里越来越困难。因此把他送到保育所是唯一合理的选项。

要动身去贡贝，同巴布说再见是整个告别中最艰难的部分。我知道我再也不可能像以前那样跟他亲密互动，这让我跟他告别时万分难受。

我们依然在他伍德赛德的家中，他的看护者刚刚办完杂事回来。巴布像以往一样欢快地跳跃着，抓着橱柜门荡来荡去。我抓起自己的

外套要走，他立刻扑进了我的怀里。他抱着我，比平时更紧、更久。我忍不住想他是否也感觉到了我的难过。我强忍着要涌出眼眶的泪水。我知道我也许再也见不到他了。

我很担心巴布能不能跟其他黑猩猩融洽相处。我觉得是我抛弃了他。他很快就要被安置在斯坦福附近某个被隔离起来的地方，而我将要远赴非洲，去研究他本该享有的生活，若是他当初没有被人从母亲身边强行带走的话。

我很珍惜同巴布的友谊，但我也知道，我在坦桑尼亚承担的角色将完全不同。在那里我需要严格遵循现有的规范，绝对不能与野生黑猩猩直接接触。我必须割舍来自黑猩猩的有力拥抱。

离开巴布的惜别之情逐渐转化为一种宁静的思绪，以及对周遭某些事物的淡淡眷恋。这种情形犹如被困在退潮的海水中——新的浪头不再涌上来，但旧的尚未退去。我被夹在两段时间中间。我告别了巴布、我的同事、惬意的校园生活，但距离开始下一段旅程还有好几周的时间。这段旅程将会把我带到地球的另一边，到一个我一无所知的地方。

开车回宿舍的途中，我把车停在了一处山坡上。草色金黄，周围零零散散地长着几棵橡树。过去，傍晚时分我常常来这里慢跑。我也曾和朋友们来这里野炊。我上大一那年，曾特意来这里找了一个安静的角落写我的生物学论文。我喜欢这里的宁静和自然风光。也许我再也无法享受这里的一切了。这样的念头令我难过。回到宿舍区，把车停好后，我徒步穿过校园。午后的阳光把红砖屋顶的色彩映衬得更加浓烈。我回想起跟朋友谈天说地的快乐时光和自己坐在"大爪子"喷泉下静静地思考人生的时刻。

在我大学的头三年，我一直觉得自己会跟同学们一道庆祝毕业，之后再去医学院学医。现在，我却要在毕业之前提前离开预设的生活轨道。在接下来的几周，我感到自己成了一个局外人，即便我对未知生活的期待也在一点点增加。怀着孤独的心绪和悲哀的泪水，我在欢送会上同好朋友们一一道别，收拾好行装，走向机场。

旅程的开始

到贡贝的旅程始于一次二十四小时的航班，包括在阿姆斯特丹的停靠。航班的终点是坦桑尼亚首都达累斯萨拉姆。在那儿我遇到了丽莎。我以前在项目说明会上与她有过短暂的会面。于是我俩一起踏上了空气污浊、颠簸不已的火车之旅。我们乘坐的火车要走八百英里，穿过塞伦盖蒂草原，才能抵达位于坦噶尼喀湖畔的基戈马（Kigoma）市。

火车在无尽的沙漠和草原中穿行。一路上我们都把脸紧紧地贴在窗户上，去观看远处成群的野生斑马和偶尔出现的鸵鸟——以及辉煌的日落。

我在给父母的信中写道：

> 丽莎和我买到了最后两张票，我们很幸运，因为那趟火车并不是每天都开。我们足足坐了超过四十八小时的火车，因为去基戈马的路上，火车经过任何一个小村庄都要停靠。每一站都有隔着窗户向乘客推销 machunguas（橙子）甚至活公鸡的村民。

带着泥土气息的潮湿空气从敞开的窗户里吹进来，车厢里飘荡着香辣食物的气味，穿着绚丽服装的坦桑尼亚人在过道上走来走去。我知道我已经不在加利福尼亚了。在这迷人的新文化环境中，我心里充满欢悦的好奇和快乐。夜里，邻铺时不时传来的婴儿哭声或窗外野地烧荒的烟味常常把我惊醒。

有丽莎在身旁，我身处异国的兴奋和不安就有人分享。由于早些时候发生的"头发事件"，我对她已经颇有好感。那天，她在自己的座位上打盹儿，两个扎小辫的黑发女孩走过来抚摸她长长的金发。丽莎平时一般都平和而专心，但当她睁开眼，发现两个女孩在轻抚她的头发时，还是吓了一跳。

"Safi sana."很美，她们告诉她。

"Asante sana."谢谢，丽莎回答道——之后她又继续用斯瓦希里语说道，她觉得她们俩的头发比自己的头发更美。这就是丽莎：敏感，细心，永远为别人考虑。我们都觉得跟遇到的坦桑尼亚人打交道很轻松，特别是当我们试着讲斯瓦希里语的时候。

丽莎和我在终点站基戈马市下了车。这是个坐落在湖边的繁忙市镇。我们的物品只有各自的小行李箱和背包。随后我们搭上一艘可乘坐六人、靠燃气驱动的小船。小船由一位护林员驾驶，沿着辽阔的坦噶尼喀湖岸开了三个小时。

我累得骨头都要散架了，心里却充满期待。小船驶向贡贝河研究中心，我从船上目不转睛地盯着它。十三年前，当珍妮搭乘一艘更小的小船抵达这里时，此地根本没有任何人类活动的迹象。她和范妮从无到有地创建营地，开始了她的研究。未被开发、长满密林的凯瑟克拉谷就在我们眼前。我凝视着更远处荒凉的裂谷山。它比凯瑟克拉谷更高，形成了东非大裂谷的东部边界。沿着湖岸，湖水轻轻拍击着原始沙滩上白得耀眼的细沙，像在欢迎我们。坦噶尼喀湖再往西四十英里就是刚果山脉。贡贝河国家公园创建于 1968 年。它的边界有十英里沿着坦噶尼喀湖东岸伸展，朝山峰的方向深入达两英里。

迈出小船，我惊讶于湖水的清澈。森林公园的一位工作人员用缓慢的斯瓦希里语对我们说："在崎岖不平的森林里追踪了一整天黑猩猩之后，你肯定会喜欢上清凉的湖水。你可以用它为自己的身体降降温，在晚饭开始前放松一下。"他说得一点没错。这个大湖也为我的非洲之行增添了一些惊险时刻。

当我们抵达公用的茅屋时，珍妮以温暖的笑容迎接我们。这座茅屋是我们视线之内唯一可见的建筑。学生和研究者就在这里集合吃饭，讨论他们日间对黑猩猩的观察。她穿着跟《国家地理》杂志为她拍摄的纪录片里一模一样的卡其短裤和凉鞋，看上去平和而诚恳。她的眼睛里闪烁着光芒和暖意。她对我们说："很高兴你们终于平安到达了。"当我同这位著名的科学家互相拥抱时，我依然觉得自己是在观看一场电影，在经历一个梦境。与此同时，我知道我将要成为贡贝大家庭的一部分，在接下来的几个月我们需要彼此照顾。这里已经让我有家的感觉了。

打量着珍妮在二十世纪六十年代建立起第一个营地的地方（它就在我们附近），我在脑海中似乎能看到灰胡子大卫——第一只对珍妮足够信任到允许她近距离观察自己的黑猩猩。他在这里活着也在这里死去，他的生命因珍妮的观察而为世人熟知。菲菲同她的黑猩猩兄弟法本和斐刚依然生活在这里，或许在同一个山谷中。从最初的进化源头直至如今——人类历史的宏大使我吃惊。尽管在恢宏的进化事业中我细如微尘，当我意识到这一切是如此美丽的契合时，那一刻，我还是激动得浑身发抖。抵达贡贝固然让我狂喜，但将与这么一位伟大的科学家并肩工作的事实又让我生出谦卑之心。

当天下午，丽莎、一位名叫爱思洛姆的田野助手和我一块儿徒步从湖边的营地走到了另一处更高的营地。这处营地也在山谷中，离湖边的营地有二十分钟的徒步路程。沿着林中小道前进时，我们注意到高高的草丛、纠缠的藤蔓、茂密的灌木和巨型的树木——有的叶子足有两英尺宽。爱思洛姆告诉我们，我们将需要时不时穿过这样的地形和李树丛。他还说瀑布很有挑战性，得运用你的杂技天赋才能通过。在一处瀑布的底部，他抓住一根长在附近的、直径约四英寸长的藤蔓，欢快地荡过了河面。我的心收缩了一下。幸运的是，黑猩猩、狒狒和人类研究者已经筑好了一些我们可以直接通过的小路。

我回想起我小时候，妈妈站在树下离我们很远的地方朝我和朋友们呼喊的情景。我们在我家后院的树梢上晃荡，而妈妈在树下命令我们下来。后来，上中学时，我的两个哥哥、我的姐姐和我在一道深沟上挂了一根吊绳晃来晃去。我们每天都在那根吊绳上玩耍，用它来锻炼臂力。我希望这些经验能为置身于贡贝森林里的我增加点自信。但我想只有时间才能告诉我这些经验是否真的有用。

抵达位置更高的那处营地之后，其他几位坦桑尼亚田野助手、几位欧洲来的研究者和我聚在棕榈树林中的一片草地上，谈论起这个时节森林的状况来。

六月份，雨季已经结束了，正是花科植物和可食叶片生长最旺盛的时候。山谷中到处都是极为可口的马邦果。蓝色的猴子在树梢上荡悠，非洲水牛和偶尔出现的豹子在地面上漫游。虽然遇到豹子是件很可怕的事，但营地附近已经很多年没人见过豹子了。在榕树和高大的棕榈树间，能看到鹭鸟、冕弯嘴犀鸟和身上有美丽斑点的布谷鸟。75 到 80 华氏度① 的气温对我的衣装来说正合适：卡其布短裤、棉衬衣和塑料凉鞋。这儿比课堂有意思多了，我简直难以相信两个季度的"非洲田野研究"居然能让我赚到学分。

一个名叫比尔的研究者对我说："你一定会迷上这个地方的。"比尔身材高大，有一头浓密的黑发和全套络腮胡子。在贡贝研究黑猩猩对他而言似乎是件十足轻松愉快的事。他在人与动物比邻而居的图景中显得如此和谐，或许是因为他体毛太浓密了。

打量着周围的密林，我想象着珍妮十三年前抵达此地开展研究的情形。那时她对可能会遇到的情况一无所知。在《国家地理》拍摄的一段影片里，珍妮置身于相似的环境中，只是地点更高一些。她从"顶峰"俯瞰森林，借助望远镜搜寻黑猩猩的活动迹象。那时她晚上独自一人睡在"顶峰"上，甚至连帐篷都没有，完完全全地暴露于野外。"这些算得上是我最快乐的经历。"在斯坦福大学的一次演讲中她曾这么说。这让我对她十分钦佩。

享受着此刻的美好时光，我尽量不去想我要面对的繁重任务和在

---

① 约 23.9 到 26.7 摄氏度。

接下来的几周内我将要学习的东西。比如说，我刚跟哈米斯和亚斯尼打过招呼。他们是十二位田野助手中的两位。但还有个田野助手自我介绍时也说自己叫哈米斯。"Huyambo, Bwana Johni."他说，意思是——你好，约翰先生。看到我有点困惑，他解释说哈米斯·莫克诺和我之前见过的哈米斯·马塔马不是一个人。此外，我知道我很快就得学习区分不同的黑猩猩，例如两三岁的斯克莎、普卢福、弗洛伊德和葛姆林。我需要记录他们的行为，在脑中记住他们各自的面孔、身体语言和声音。这似乎难度不小。

在当初的项目说明会上，我的自信心忽高忽低，但多数时候是低落的，因为我意识到自己和那四位侃侃而谈的研究者无论在言辞上还是经历上都存在巨大差距。他们来自剑桥大学和牛津大学，有些已经出版过自己的专著。相比之下，其他三位随意而尚显幼稚的、来自斯坦福大学的同学倒是能给我一点安慰。他们调侃的语气和时不时滑稽的行为让我有种认同感，但对待工作我们都是十分认真的。一开始我曾设想，周围操英格兰和苏格兰口音的研究者可能更世故，但这种感觉很快就消失了。因为他们真的愿意敞开双臂接纳我们。

我必须适应非洲本身——这里的高温、味道和实打实的户外生活。我必须独自住在距离湖边营地半英里远的小茅屋里——而且看不到别人的茅屋。独自在非洲丛林里过夜似乎有点吓人。

让我惊奇的是，到达贡贝的第一天，当其他研究者和田野助手向我介绍我在研究团队中应承担的角色时，几只黑猩猩大摇大摆地走进了营地。我看到的第一头黑猩猩是斐刚，他是一个黑猩猩族群的首领，也是一年前去世的前族长斐洛的儿子。斐刚是和他的哥哥法本以及体格巨大的汉弗莱一块儿走进来的。他们晃着身子，迈着有力的步子进入了营地，表情十分庄重。

这些强健而美丽的生物让我十分震惊。他们似乎只是在察看周围的环境，对观察他们的人类研究者不屑一顾。当他们近到连身上散发的陌生气味都清晰可闻时，我忍不住有点紧张。我们屏住呼吸，慢慢离开他们，以免干扰他们的行为。我们都坚信这片森林是属于他们的，而我们只是造访者。我们能与他们共处只是因为他们允许我们这么做。我们唯一的工作就是观察和记录。我们对珍妮忍受的漫长岁月充满感激。她花了很长的时间才被黑猩猩允许就近观察他们。如今对黑猩猩来说，人类观察者已经是周遭环境的一部分了。

遇见凯瑟克拉黑猩猩家族的成员——凯瑟克拉是珍妮在贡贝研究的一个黑猩猩族群，共有五十只黑猩猩——很快解除了我对在非洲丛林里生活的担忧。能够对斐洛的后代展开观察，我觉得很幸运。我们将斐洛的后代称为"F家族"，法本、斐刚和他们的妹妹菲菲。菲菲十五岁大，育有一个两岁半大的儿子弗洛伊德。我研究的两个黑猩猩家族中还包括年纪较长的其他兄弟姐妹。已进入青春期的葛布林仍追随着母亲梅丽莎和姐姐葛姆林。与之类似，博姆也跟帕森和普卢福生活在一起。一些四处游荡的成年雄性黑猩猩，如萨坦、杰米欧和埃弗雷德，也为这个充满吸引力的黑猩猩族群增添了独特的个性。

再往南不远的地方居住着一个被称为卡哈马的较小黑猩猩族群。他们因自己居住的山谷而得名。他们与凯瑟克拉族群偶尔会有互动。但住在北边的另一个黑猩猩族群则完全与外界隔绝。如果把这三个族群都算上，那么贡贝河国家公园陡峭的谷地中生活着总共大约一百六十只黑猩猩。这个面积为二十平方英里的公园中植被丰富，从草地到山地竹科植物再到热带雨林都有。这是属于黑猩猩的世界。现在我已亲自来到这里，珍妮最初创建的营地和她笔下的那些黑猩猩活生生地在眼前。非洲活生生地在我眼前。从明天早上，也就是我抵达营地的第二天起，我就要开始跟随这些奇异的生物——并向他们学习。

那天夜里晚些时候，我勉强吃了一点坦桑尼亚厨师为我们准备的鱼、米饭和豌豆。我有点水土不服，具体表现就是发低烧和没胃口。但我依然对这顿家常饭菜心存感激。我看了一眼丽莎。她知道我有点不舒服。她皱着眉头看了看我，隔着桌子对我说："一开始我也可能会觉得有点不舒服。"我苦笑着想，至少我还有个伴。

其他两个学生和一位英国来的研究员带领我和丽莎在月光里走向我们的小茅屋。蟋蟀的叫声特别响，夜间的湿气比我原先想的还要重。我深深地吸了一口气，想着我一整晚都要独自在漆黑的林中过夜了。我们排成一队沿小路向前走着，紧紧跟着我们的领队。我注意到有些藤蔓的叶子来回晃动。一开始，彼此低声交流了几句后，我们以为那不过是在夜间活动的非洲野猪。当地人曾跟我们提起过它们。又或许只是夜风在吹动藤蔓。

"保持镇定。"我们的领队轻声说。

我的心几乎要跳出嗓子眼了。我盼着我们能走得再快一点。我们的小屋到底在哪儿？我忐忑不安地想。我希望能看到丽莎的眼睛，但在黑影中，我连她的脸庞也分辨不清。

我们继续向前，藤蔓发出沙沙的响声。紧贴着小路传来尖叫声、树枝断裂声和野兽的哼哼声。不知什么东西开始发出号叫，而且声音越来越大。我心慌意乱，不知道该站住不动还是该迅速逃走，丽莎睁大着眼睛望着我。

突然，三个人影朝我们跳了过来，发出大笑声。"给你们个惊喜！"显然，这是营地的其他研究者为我们准备的贡贝欢迎仪式。我们并不觉得这多有意思，但心神稍定之后，我们总算能勉强地笑一笑了。

我的小屋是距湖岸最远的一个。我到达小屋的时候，丽莎和其他人早就到各自的小屋了。他们的小屋位于山谷中稍低一点的地方。另一个学生吉姆一直陪着我走到我的住处，确保我的蜡烛是点着的、床头有枕头、小木床上有床垫。

我来到贡贝的头一天里，直到这一刻我都觉得有人照应，相对而言也较为安全。但等吉姆道过晚安，走回自己的小屋，脚步声也逐渐消失之后，我感到特别孤单。没有了人声，蟋蟀的叫声、野猪的哼声和偶尔的风声格外明显。我不知道我的小屋究竟处于大湖、山脉和山谷的什么方位。在强烈的孤独中，我不时会想到我在加利福尼亚州那间吵吵闹闹的学生宿舍，那里有热水澡，走廊里有我的一众好友。

似乎嫌今晚的欢迎仪式还不够，我忽然看到水泥门的裂缝中正钻出一条大蜈蚣。在贡贝，研究者和田野助手对蜈蚣比对蛇更害怕。在家里，这种靠细如毛发的小脚在花园里穿行的、身体灵活的小动物似乎构不成什么危害，但在贡贝，他们被描述为闪着红光的庞大毒物。

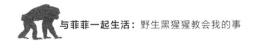

从门缝里钻出来后，它开始爬过地板。我抓起放在角落里的一只罐子，悄悄跟着那条蜈蚣。我因恐惧而生出的冷汗与发烧产生的汗水混在一起。由于害怕，我根本不想去捉它，一心只想把它砸死。罐子的边缘把那条蜈蚣切成了两段，但让我感到惊恐的是，每一段依然在爬动！现在屋里只剩我自己和两条有毒的蜈蚣了！在发烧的恍惚中，我不禁想到，很快就会有成千上万条小蜈蚣在小屋里爬来爬去。终于，我把断成两截的蜈蚣扔出了门外，并用一只桶挡住了门上的裂缝。

也许这场惊吓对我是好事。因为它耗尽了我最后一丝力气。确认过床单上并没有蜈蚣之后，我迫不及待地钻进了被窝里——为我第二天对黑猩猩的艰苦追踪恢复精力。

第二章

融入贡贝

夜里，一阵温暖的微风穿过我小屋的铁丝网窗户，吹在我的脸上。我桌子上的蜡烛晃动起来，在信纸上投下阴影。我正在写信告诉父母我第一天在森林中追踪黑猩猩菲菲及其儿子弗洛伊德的情况。跟家人之间隔了半个地球，我试图借助文字将我的"丛林"冒险呈现给他们。我向他们解释道，雨季正在结束，山谷里的高地上大量生长着像李子一样的帕里纳里（parinari）果，吸引了很多黑猩猩。

我的小屋位于叶子茂密的树木、聚集的黑猩猩、成群的狒狒、野猪和栖息于树冠上的疣猴中间。从小屋徒步走到凯瑟克拉瀑布或坦噶尼喀湖边上的主营地都要二十分钟。从小屋里展望，周围并没有人类文明的迹象。

在接下来的八个月里，这将是我的家。我发现小屋铝做的墙壁很牢固，用茅草覆盖的屋顶也让人放心——它们足以防止大型动物闯进来——水泥地板也很坚实。窗户很大，牢固的铁丝网上有个很大的口子，既可以让清风吹进来，同样也可能把小动物和蛇放进来。贡贝的森林里住着黑色的和绿色的曼巴蛇，这种蛇毒性很强。但如果要我在牢固的金属丝网窗户、偶尔来访的蜿蜒爬行的动物，以及侵略性较强的狒狒可以轻易撕开的薄纱窗之间做个选择，我宁愿选择现有的金属窗。屋顶上的蜂房和墙上友好的壁虎可以稍稍缓解我的孤独之感。

我一边想着可以在信里再补充些什么内容，一边透过窗户把目光投向月光闪烁的坦噶尼喀湖面。周遭唯一的声响就是蟋蟀的叫声和附近一头野猪时不时发出的哼声。我意识到我开始渐渐习惯了在这个被茂密植被和夜游动物包围的小小处所独自过夜。

这天夜里晚些时候，一阵狂风从窗户冲进来，铝皮门被刮开了，惊醒了睡得正香的我。我的心怦怦直跳。我以为哪里发生了爆炸。随后我意识到这只是大雷雨要来的序曲。我觉得我与大自然从未如此接近。克制住想重新钻回被窝的强烈冲动，我强迫自己跳下床，关好门，检查小屋有没有受到破坏。屋顶的茅草铺得很好，小屋位于森林深处，因此至少我是部分受到保护的。我努力恢复镇定，当我重新躺回床上时，我告诉自己，既然黑猩猩能在高高的树上活下来，我在地面上有铝制墙壁的小屋里也能活下来。但这晚剩下的时间我睡得并不踏实。

第二天早上，明亮的阳光透过枝叶照过来，我能感觉到拂过面庞的微风。我想到了野外的黑猩猩们需要一次次面对的突如其来的天气变化，例如暴雨、热浪或雷雨。他们从容地迎接这些变化，几乎从不对此表示不满。他们洋溢的自信很快打消了我的顾虑。遇到雨天，我不再因我的卡其布短裤和衬衣被淋湿而忧心，因为我知道太阳会出现并晒干我的衣服。蛇和蜈蚣不再让我感到害怕，因为据我们所知，它们还从未伤害过黑猩猩。但说到在森林中度过漫长的一天后那种饥肠辘辘的感觉，就是另一回事了。我察觉到，我对食物的渴望太难克服了。有时，当我跟踪的黑猩猩漫游到位于高处的营地附近时，正在穿越谷地的我会临时绕个弯拐到营地的厨房去，只为再搜得一块抹了花生酱和果酱的三明治。

一开始，我的多数时间集中于对四对黑猩猩母子的了解上：菲菲和弗洛伊德、梅丽莎和葛姆林、帕森和博姆、诺娃和斯克莎。她们是我指定的研究对象。这些群组中的黑猩猩幼儿只有两三岁——对我而言，这是观察他们基本学习和成长模式的绝佳年龄。我在丛林里追踪她们，做了大量笔记，并贴近地观察她们，在这一过程中，这些黑猩猩成了我的"丛林导师"，在培育强壮而灵活的后代方面，黑猩猩妈妈们为我提供了出色的第一手资料。

除了对五十只黑猩猩的直观认识，我们晚上在湖边营地聚会上的"八卦"也是我的一个知识来源。这座木结构的大房子是我们的聚会场所。追踪了一整天黑猩猩之后，在湖里游完了泳，学生、研究生调研员和珍妮会在那里会面。"杰米欧今天费了很大力气才在琳达谷（Linda Valley）的低地里抓到一只疣猴，但被斐刚和雪莉一把夺过去了，自己都没来得及尝上一口。"当我们围着大木头桌子吃晚餐时，理查德向我们描述了这一情况。我们都惋惜地替杰米欧叹气。我们就自己观察的特定黑猩猩进行交流，目的是为了获得任一日期中黑猩猩族群活动的更大图景。当然，此外我们也有短剧之夜和音乐之夜。有时我们打牌，有时在靠窗的软椅上激烈地讨论社会问题。那扇大窗正对着湖水。我们的田野助手们也有很多处较小的房子。他们在那里聚会、吃饭，用斯瓦希里语交谈、做晚祷。他们聚在一起时也相当开心。发电机为此处唯一的光源提供了电力。但我们在这里的时间是有限制的。晚上九点钟左右时，我们会分开，各人走回各自的小屋，以保证充足的睡眠。我们需要在日出之前起床，并在黑猩猩开始一天的活动前找到他们的聚居地。对我而言，这通常意味着我要找到菲菲和弗洛伊德的聚居地。

那时菲菲是个只有十五岁的年轻妈妈。我在贡贝的那段日子，独具一格的菲菲所展现的非凡的专注、耐心和与儿子相处时的游戏精神教会了我许多的东西。她的育儿术堪称绝无仅有。在长达几个月的时间里，我观察着菲菲的一举一动。菲菲在森林中漫游，照料弗洛伊德，始终是那么耐心和冷静。这段时光带给我的收获将伴随我的余生，影响我对病人和家人的态度，虽然在当时我并没有意识到这一点。

我第一次见到菲菲驮着弗洛伊德、自信满满地走进我们的营地时，便被她柔顺浓密的黑发所打动。她的黑发与深绿色的枝叶相映衬，显得格外鲜明。不用说，她跟我在家乡的动物园里见惯的面色憔悴、神情呆滞的黑猩猩不一样。我立刻想起来，我在纪录片中见过她。我无法把目光从她身上移开。她就站在我的眼前，看上去比在纪录里更接近人类。虽然这已经是我抵达贡贝的第三天，从整体上来说，我依然对周遭的一切感到惊异。我朝坐在身旁的哈米斯露出激动的笑容。他也带着笑容朝我回望，他完全了解我的感受。

菲菲在离我很近的地方停下了脚步。她把儿子放在地上滚来滚去挠他的痒痒。我能听到弗洛伊德的笑声——他快速喘气的声音，再加上他笑嘻嘻的面容，完全就是一幅黑猩猩享乐图。他的笑很有感染力，跟人类孩童的笑声很像。我发觉自己也在无声地偷笑。

我在抵达贡贝之前就已经对菲菲很有了解了。她是了不起的黑猩猩族长斐洛的第一个雌性后代，珍妮似乎对她特别偏爱，她经常跟我讲一些关于菲菲的事。菲菲和她的母亲一样，有种从容的气质。她的自信对她很有助益。进入可以受孕的成年期之后，她穿过自己的族群南面的几个谷地，与属于另一个族群的雄性黑猩猩交配。这一行为对于扩展自己族群的基因库、产生富有活力的后代很关键。菲菲育儿和寻找食物的技巧也非常棒。来贡贝前不久，我听说菲菲单凭一己之力猎杀了一头五十磅重的幼羚羊。羚羊在贡贝很常见，一只雌性动物单独捕获羚羊却不常见。

一天，我穿着深色的李维斯牛仔裤在观察菲菲和弗洛伊德，因为我所有的卡其布短裤都拿去洗了。弗洛伊德注意到了我的衣装与往日不同。当我手捧着写字板坐在那里时，他慢慢地靠近我。我屏住呼吸环顾周围。我无处可避，因为我背后是一片很大的灌木丛。我待在那里，弗洛伊德向我指着一根小小的食指时，我一动也不敢动。他把食指放在我的牛仔裤上——我尽量保持不动——然后他看了看我，又嗅了嗅那根触碰过我的手指。我完全呆住了。我有个印象，就是菲菲对弗洛伊德的这一举动足够放心，因而并没有把他拉进自己怀里，虽然她一直在距离我们十五英尺远的地方注视着这一切。这场遭遇让我回忆起我与巴布曾有的亲密互动，我感到有点悲伤。之后弗洛伊德便跑回了菲菲那里，在当天剩下的时间里，他再也没理过我。

弗洛伊德从很小的时候起就展现出洋溢的自信和出色的能力。那个时候我就觉得他一定会成为族群首领——十八年后，他真的做到了。我相信这部分应归功于他母亲的自信及对他的信心。

在我研究这对黑猩猩母子的过程中，我想到了自己的母亲。她对自己身为母亲的角色有种天然的自信，总是怀着乐观的态度看待周围的世界。虽然我的母亲不信教，但她很有精神追求。她常常提到指引我们内心的某种内在力量。遇到困难的时候，她总是说："向内心寻求答案就好。"我认为这种形式的自信以及菲菲所表现出的母性行为对孩子的成长很有好处。在弗洛伊德发育期的头几年里，菲菲总是不吝于给予弗洛伊德拥抱和亲密互动。这一特点也不同程度地存在于我研究的其他黑猩猩母亲身上。

到贡贝差不多一个月时间后，当我观察在母亲的监护下玩在一起的不同黑猩猩幼崽时，我已经能区别多数幼崽了。他们各自的面孔和表情有助于我分辨他们。弗洛伊德耳朵很大，他跟别的黑猩猩扭打时，表情十分生动。葛姆林的面庞略长，表情较为严肃。看着他们玩闹的样子，我在心里想，在接下来的许多年里，还会有人继续研究这群黑猩猩。这样的念头让我很开心。珍妮就致力于研究世代接续的黑猩猩族群，为的是在更深、更重要的层面上揭开与他们行为相关的信息。

我观察黑猩猩母亲与她们的后代互动的兴致从未消退。从早到晚在林中跟踪黑猩猩家族往往让我累到全身酸痛，但观察黑猩猩幼崽长时间的嬉闹或他们母亲的筑窝行为从未让我感到厌倦。每晚黑猩猩母亲们都会细心地把长而新鲜的枝条在高高的树木间编成舒适的床铺。

自信、贴心的黑猩猩母亲与其后代的关键关系似乎构成了黑猩猩后代在后续生活中成功甚至生存的基础。在自己的后代们通过观察和模仿学习的过程中，菲菲的自信和耐心似乎有助于他们成年后获得高阶地位。菲菲五个雄性后代中的三个——弗洛伊德、弗罗多和费尔南德——都成了族群首领。菲菲显然从自己母亲的育儿技巧中获益良多，并很可能已将这种自信的行为传给了自己的儿子们。

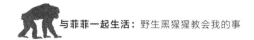

连续很多天追踪黑猩猩、实时记录黑猩猩幼崽和母亲的距离、借助磁带描述黑猩猩的有趣互动之后，我会花上一天时间动手将这些数据整理出来，供珍妮在长期研究中使用。尽管我当时并未意识到，事实上我正在为人类历史上时间跨度最长的动物研究做贡献。

当林木间的某对黑猩猩母子爬到一个我和田野助手无法看见的高度时——我的田野记录就会被迫暂时中断——最多可长达两个小时。遇上这种情况，我们只有等待他们下来。但这样的时刻丝毫不会让我感到无聊，这是我做白日梦的时间。

有一次，一只绿得吓人、带翅膀的昆虫被困在了一张蜘蛛网里，它努力挣扎着想挣脱，我看它看得入了神。但直到我不得不离开，它也没能逃走，这让我颇为失望。还有一次，我呆呆地注视着一朵形状奇特的迷人花朵，神游天外。我因此受到了哈米斯的取笑。他对我说："这朵花像在对你说话呢。"

我在丛林中的胡思乱想来自早年的习惯。上三年级时，我的思绪往往会从课堂上飘荡出去，漫游到更有意思的事情上，比如说玩滑板啦，和朋友们一块儿爬树啦，等等。在这些日子里，一脸不高兴的老师往往会大喝一声，把我带回现实，有时候则是同学们咯咯的笑声。但在森林里，做白日梦似乎是件再自然不过的事。它让我放松。这是我的"丛林冥想"。

此外也有一些让我心跳顿止的惊险时刻。有一次，我在上营地的餐室里制作了一个三明治，并把它放进了背包里。这是我当天的干粮。我注意到一只名叫"短尾巴"的狒狒隔着窗户盯着我看。之后我离开那栋房子，出发去跟踪菲菲。但在我弯腰系球鞋的鞋带时，突然，一条金黄色毛茸茸的胳膊伸到我的肩膀上，把那块三明治从我的背包里掏了出来。我立刻站起来冲他大叫，但短尾巴已经跑开了。

后来，更有经验的研究者告诉我，我当时应该乖乖地把三明治给短尾巴，并保持原地不动，以免狒狒惊惶之下用粗大的犬牙一口咬住我的脖子。尽管有这样惊险的时刻，我依然忍不住赞叹周围原生态的美景。在医学院预科班上，我需要面对压力重重的测验和论文写作。与学校相比，这里是如此宁静而令人心旷神怡。

在贡贝的头几个星期里，我充分领略了非洲森林及林中生灵的壮美。夜里，我躺在床铺上，肌肉因劳累而酸疼，屋外传来狒狒发出的咕噜声和撼动树木的风声。在我等待黑猩猩进入视野的时间，我看到成群体态优雅的疣猴荡过高高的枝干。他们一下子就能荡二十英尺远。一天，我们的田野助手捎来了一个保罗·里维尔①式的消息，说我们应该赶过去看看那些鸟儿，它们很少能在贡贝见到。于是我们便聚在一起观看那两只体态庞大的冠顶鹤。它们降落在一块靠近湖岸的空地上，在那里来回踱步。它们的确美得惊人。我一边自顾自地笑着，一边在心里想：要是它们知道自己在我们眼中是多大的明星就好了！

格外漫长的一天结束后，营地中的一些人围坐在沙滩上的篝火

---

① 保罗·里维尔（Paul Revere，1735—1818），美国独立战争时期的一个英雄人物，后来成为美国英雄主义和爱国主义的象征。1775 年 4 月 18 日夜，他得知英军要搜查枪支和逮捕革命领袖的消息，立即骑马驰报各地，使美军得以做好准备。

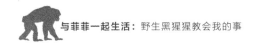

旁。有那么一阵子，我一边用木棍挖着沙土，一边听着别人讲述他们的故事。但没过多久，我便进入了类似催眠的恍惚状态。也许这单纯是因为在密不透风的灌木丛中钻进钻出、每天花上十二个小时徒步翻山越岭追踪菲菲和弗洛伊德所导致的劳累，也许是因为那团火焰有催眠作用。总之，我的意识进入了另一种状态。环绕着我的是用英语和斯瓦希里语进行的交谈、蟋蟀的叫声、康加鼓的鼓点声、澄净而漆黑的天幕下闪烁的星星、倒映在湖面上的渔船的黄色灯笼，以及温暖的微风。我的内心宁静而放松，我感到了与丛林无尽的生命循环的深切联系。此刻，就算我忽然看到我的原始人祖先从附近的某个洞穴里走出来加入我们的聚会，我也不会感到惊讶。

我与周围自然环境的联系变得日益紧密。但我并没与现实脱节。正相反，我找到了属于自己的位置。周围切实存在的自然环境向我细细诉说着它的历史、生命和危险。在美国时，我的思绪和想象从没像现在这么活跃。我感觉到了贡贝森林最本质的生命。正如对黑猩猩而言，这里是一个有生命有呼吸有脉搏的家园一样，它也将是我的家——因为我相信这些宽厚的灵长类动物乐意与我这个从加利福尼亚远道而来的、内心平和的白色人猿共享他们的土地。

贡贝的诊所

我刚到贡贝不久，珍妮就让我去营地的小诊所帮忙。那个诊所是她母亲亲自创建的。我有点犹豫。虽然我很乐意帮助别人，但我对临床医学的所知实在有限。

那个诊所只有一间屋子、几把椅子、一个检查台和一些药品。从阿司匹林到抗疟疾的药都有。不仅有基戈马市来的药，也有从美国和英国运来的药。在这间诊所，我们为田野助手、营地职员及其家属提供医疗服务。有些职员的家属就是布贡戈村（Bubongo Village）的村民。一个名叫艾米莉的研究员受过兽医方面的训练，她是我们这里医学经验最丰富的人。另一位名叫朱莉的研究员有一定的生物学背景。我和朱莉轮流担任艾米莉的助手。

受了外伤、患疟疾和有各种发烧症状的病人都归我们诊治。有的病人在我们的诊所治疗就行，有的需要由我们用公园的船送到基戈马市的诊所治疗。背疼、胃不舒服、皮肤和眼部感染是这里最常见的病症。我们尽最大努力为病人提供治疗。有一次邻村一个男人到我们诊所来，他躺在地上睡觉时，几只甲壳虫钻进了耳道。营地的一个工作人员知道一个方子。他往这个男人的耳朵里灌了一些热乎乎、油腻腻的液体。我猜这些液体把甲壳虫杀死了，因为那个男人后来再也没向我们诉过苦。

有些病人选择去当地的医生那儿。那个医生用各种草药和自然疗法治病。很多村民遇到健康问题时都把他当作主要的医疗选项。那时，在坦桑尼亚农村，人们对这些本地医生即便不如对政府诊所那么依赖，至少也差不多。

我刚开始在贡贝的诊所工作时，有一位母亲来为她发烧的孩子看病。她用平静的语气对我说："他一直没吃东西，而且烧得很厉害。"但她忧心忡忡的面容直到今天依然留在我的记忆里。

我为她的孩子做检查时，他的小脸烫得让我吃惊。我们治疗感染的能力有限，于是我教给她一些应对发烧的基本手段，并告诉她，如

果孩子的症状在接下来的二十四小时内没有缓解，她应该去基戈马市的医院。

四天之后，我正在吃早餐，艾米莉眼泪汪汪地走了进来。"那个孩子死了。"她告诉我。我顿时胃口全无。我依然记得他那张我抚摸过的小脸和他母亲忧虑的面容。原来离开诊所的第二天，她并没有照我的建议把孩子送去基戈马市的医院，而是去了本地医生那里。她的选择似乎受到信仰的影响。而我知道那个孩子的病可能是细菌感染或疟疾引起的。这件事艰难的真相在于，就算她去了最近的医院，孩子也可能活不下来。尽管如此，亲眼看到热带地区的儿童遇到感染时的脆弱状况依然让我极为难受。

我在到贡贝之前就听说坦桑尼亚的婴儿死亡率高达 12%（相比之下 1974 年美国的婴儿死亡率是 1.8%）。但听说是一回事，亲眼见证又是另一回事。当地人对生命的夭折似乎普遍接受，那些家中人口较多的人都知道，自己的某些后代根本活不过童年期。对来自西方国家、坚信医疗是对抗疾病的最佳武器的我来说，很难接受这种认知。婴儿的夭折永远是令人悲哀的，但在非洲，这同样也是日常生活的一部分。这种新的角度对我而言是颠覆性的。但那位年轻母亲的面孔也让我意识到统计学的人性一面。

几星期之后，我又学到了与生命有关的另一课。有一个医生到贡贝来拜访珍妮，她也是个信奉天主教的修女。这位女士因其在非洲的传教工作而享有很高声誉。她看上去有五十来岁，穿着修女长袍。这尽管能为她遮挡日光，但在湿气很重、气温高达八十华氏度的热带地区，肯定也会非常不舒服。

这个医生到达营地的会客室时，我正在诊所为一个有低烧和咳嗽症状的孩子做检查。我觉得我应该听听那位医生的建议。于是我把这个孩子和她年轻而拘谨的母亲带到了那个医生那里。她当时正在跟珍妮交谈。当她得知我们过来这里的原因时，她只是点了点头，继续跟珍妮谈话。

我们在那儿等着，那位医生却对我们视而不见，这让我觉得她有点麻木不仁。过了大约十分钟——对我来说就像一个小时那么漫长——那位医生才走过来向我们做自我介绍。

我对她说："我担心这孩子可能是得了肺炎。"

医生没有替患病的小女孩做检查，就对我们说："她不用吃药也会好的。如果没好，她妈妈应该再把她带过来看。"我理解她为何要这么说，但又觉得不应该当着小女孩母亲的面质疑她。那位医生下诊断结论时一副理所当然的冷静模样，那位母亲看上去也很放心，但我自己仍然忧心忡忡。

从诊所下班后，我找到了那位医生。我说："我无意冒犯您，但早些时候我带过来看您的那个小女孩仍然让我放心不下。我怕她得的是肺炎。我有点担心——可能您并没有仔细看她。"

她笑了起来。她说："你是觉得我没给她做检查是吗？"我点了点头，心里觉得很不舒服。"我很高兴你这么关心她。但是别担心。我跟珍妮说话时，已经用眼角的余光观察过那个小女孩。在整个过程中，我并没有看到她咳嗽或有任何不适症状。"

这太了不起了。通过仔细而不动声色的观察，她已经对那个小女孩的健康状况和需求做出了正确的判断。在资源和技术都相当匮乏的

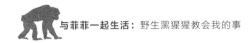

条件下，凭借自己丰富的经验，她成了一个更具观察力的医生。她通过完善自己的观察力弥补了医疗设备的不足。我会一直记得这位医生——她冷静、坦率的风格，以及她在艰苦的环境中展开医疗工作的出色能力。

在贡贝诊所的经历让我为坦桑尼亚的农民提供基本医疗服务的同时，也学到了一些重要的医疗知识。与田野助手家属的交往也为我留下了很多珍贵的回忆，如果不是在为村民提供治疗的过程中也为他们提供帮助，我是不会认识他们的。直至今日，当我检查耳部受到感染的病人时，依然会想到那个耳朵里钻进甲壳虫的贡贝村民，以及用来治疗他的那种油膏。在我自己的行医生涯中，唯一与之类似的案例发生在一个小女孩身上。有次我在一个四岁的小女孩耳中发现一个小小的、闪闪发亮的圣诞节饰物。当我用耳镜灯检查她的耳道时，耳道内的异物反射出亮晶晶的光。我忍不住大叫一声"哇哦"。虽然我想到了用油膏把异物取出来，但我最终还是选择了向专业人士求助。

第三章

菲菲和弗洛伊德
生命中的一天

接下来的几个月我都在观察菲菲和弗洛伊德这对黑猩猩母子。作为一个母亲，菲菲的育儿技巧给我留下了很深的印象，并为我在未来理解女性患者的育儿模式提供了帮助。黑猩猩母亲与幼崽的亲密肢体交流为处于生长期的灵长类动物提供了很强的安全感。此外，黑猩猩母亲同样会为后代提供及时的呵护，保护他们不受其他动物伤害，为年轻的黑猩猩创造通过观察自己学习的机会。年轻一代会渐渐离开母亲而独立。雄性黑猩猩在大约八九岁的时候，雌性黑猩猩在大约十或十一岁的时候，便开始短暂地离开母亲自己生活。雄性黑猩猩在十六岁时完全发育成熟，而雌性黑猩猩在十三四岁就已成熟。

在野生环境中独力抚育后代的梅丽莎和诺娃均展现出有效的育儿手段。帕森则是另外一回事。当自己的幼崽普卢福处于危险的境地时，她在为他提供安慰和保护方面显得相当迟钝。

菲菲一开始就抓住了我的注意力。这也难怪，她毕竟是斐洛的大女儿。我们无从得知菲菲的父亲是谁，但她的自信、慈爱和对待后代的从容态度显然跟她母亲很像。有时，花一整天时间观察菲菲对体力是个很大的挑战。但一天下来，累一点终归也是值得的。在给父母的信里我引用了自己写下的笔记，这些笔记记录了我在森林中度过的典型一日：

早上五点半，在半睡半醒的状态中，我穿衣、洗脸，之后抓起手电筒和卡带式录音机冲向 cho（户外厕所）。周遭漆黑宁静，只有偶尔刮过的风声。

在上营地厨房享用的热茶和蜂蜜面包为我一天的探险提供了营养。跟哈米斯碰头后，我们便动身去寻找黑猩猩的聚居地。我们头天晚上用木棍在小路上标出了到那里的路线。我精神振奋，头脑逐渐清醒。去目的地的路上，我和哈米斯一路嬉闹着。终于，我们抵达了昨晚离开的地方。我们躺倒在地上，注视着高高的树上用枝叶编成的床垫。鸟儿开始鸣叫，狒狒发出咕噜声。森林中各种奇怪的嘈杂声越来越响亮。

在晨光中，我们看到一条毛茸茸的手臂从巢里伸出来。猩猩们的晨间日常开始了，我们静静地等待着。一阵窸窸窣窣的声响，接着，一个像蜘蛛一样的影子从巢里爬出来，沿着树枝越爬越远。过了一会儿，一个更大的影子出现了，并优雅地荡落到了较低的树枝上。我们听到一阵犹如小型瀑布般的水流声，那是黑猩猩母亲菲菲在料理自己的"晨间事项"。我们得确保自己没有处于她的正下方。

吃了一些硕大的奶苹果之后，菲菲更贴近地面一些，搜寻着她的儿子弗洛伊德的眼神。弗洛伊德在她之前就爬出巢外了。她等着他靠近自己。母子两个从树丛间降到地面上，开始了在地上的巡游。这期间，弗洛伊德紧紧地贴在菲菲的肚子上，吸着她的奶水。

菲菲打手势让弗洛伊德爬到自己背上。我们的一天也开始了。菲菲驮着弗洛伊德前进，我们跟在他们后面，同他们保持着一定的距离。我们越过厚厚的灌木丛和藤蔓，跨过山冈与河流，跟在这对母子后面颠簸。这个时节，林中的灌木丛格外茂密，中间还夹杂着丰美的野草及小而艳丽的红的粉的花朵。菲菲和弗洛伊德时而穿过地上的灌木，时而荡过枝丫，不知道最终要走向哪里。一般来说，他们是要去寻找食物，但有时也会去与其他黑猩猩会合，好能清理一下自己或一块儿玩耍上一阵子。我们有时需要匍匐，有时需要俯冲，有时又需要跳过树枝。弓着脊背的黑猩猩轻轻松松地就能越过交叠的枝叶，而我们只能跟在后面笨手笨脚、踉踉跄跄地前进。我们背着午餐、录音机和写字板，只能勉强跟得上黑猩猩的脚步。

途中，菲菲停下来吃水果。她爬到一棵长满树瘤、中等大小的树上停留了一个小时，摘食马布拉（mbula）果。这是一种富含纤维、像李子一样的果实。在林地中，这种果实往往一大串一大串地挂在高高的枝头。它有一种半甜的味道，这个时候正是结果的旺季。梅丽莎和葛姆林也加入了他们。两位母亲吃东西的时候，弗洛伊德在树枝间像杂耍演员一样翻来跳去，要么就是在地面上同葛姆林嬉戏。弗洛伊德玩了很长时间。在这期间，菲菲不时会警觉地查看弗洛伊德的行踪。当弗洛伊德暂时回来吃几口奶或请求一个抚慰的拥抱时，菲菲总会满足他的要求。我看到弗洛伊德用手指抚弄着菲菲胸前的毛发，而菲菲则温柔地抱着他，直到他心满意足。之后，他便又回到地面上跟葛姆林玩耍去了。

等孩子们玩够了之后，两位黑猩猩母亲回到地面上，为自己的孩子清理毛发，也为彼此梳理毛发。这是一种沉静的活动，一只黑猩猩以手做梳，为另一只黑猩猩仔细梳理毛发，这一活动的目的似乎纯粹是为了联谊和放松。之后，菲菲又主动跟弗洛伊德开始另一段游戏时光。她和他一块儿在地面的枝叶上打滚，母子俩都大张着嘴巴做出调皮的面孔，时不时发出笑声。葛姆林忙着吃奶，但很快也重新加入到游戏中来。于是两位黑猩猩母亲便退到一旁，观看她们的幼崽追逐打闹。

菲菲和梅丽莎对幼崽的不倦付出让我心生敬畏。她们的抚育方式看似淡定轻松，其实需要很高超的技巧。因为当她们在森林里漫游、爬到高高的树上寻找食物的同时，她们的眼睛也始终不会离开自己的后代。不仅如此，在这一过程中她们也会始终照料、呵护和保护她们的幼崽。

蹲在潮湿的地面上看到这一幕时，我忽然觉得自己穿越到了数千年之前。我的眼前浮现出原始人抚育后代的场景。他们所做的和黑猩猩一模一样。梅丽莎和菲菲如同坐在火堆旁的原始女性，一边准备食物，一边看着孩子们在一旁游戏。

我经常有这种错觉。我脑海中会浮现出原始人在树木葱郁的山谷里穿行，寻找成熟的牛奶果及展开交往的情景。这正是我眼前的黑猩猩在做的事。我想象着他们把树叶从树枝上扯下来，用树枝制作工具或为家人搭建栖息之所的样子。我在脑中勾画出原始人的女儿们注视着妈妈抚育后代的场景，原始人母亲耐心地望着自己的子女学习自行准备食物的情形也会浮现在我的脑海。

菲菲年轻的时候，很喜欢照料年幼的弟弟妹妹。在斯坦福大学观看《国家地理》杂志拍摄的纪录片时，片中有几处特写镜头很让我着迷：菲菲一次次地想把年幼的弟弟从母亲斐洛怀里抓过来，为的是自己能抱他一会儿并为他梳理毛发。斐洛一般会暂时允许菲菲练习一下未来做母亲所需的育儿技巧，但当她感到有必要时，就会迅速打断菲菲的练习。在实际观察中，我很喜欢看菲菲跟弗洛伊德一块儿嬉戏的样子。菲菲会用脚轻轻触碰弗洛伊德，正如纪录片中她母亲斐洛跟她弟弟弗林特游戏时所做的那样。

葛姆林是我最喜欢的黑猩猩幼崽之一。两岁半的她特别喜欢跟弗洛伊德以及与她年龄相仿的黑猩猩一块儿玩。我常常看到葛姆林和弗洛伊德在一起一玩就是几个小时，他们的妈妈则坐在近旁吃东西或看着他们嬉戏。这对兄妹时不时地追逐打闹、在树枝间荡来荡去。他们似乎很享受有彼此相伴的时光。

那天，看着两只黑猩猩幼崽在一起互动玩耍，我不禁想，不知黑猩猩妈妈聚在一起的唯一理由是否就是看她们的孩子一起玩耍。菲菲和梅丽莎有时也为彼此梳理毛发，但多数时候，她们只是坐在地面上或在不同的树上觅食。我认为黑猩猩幼崽在母亲的监护下学习与其他黑猩猩交往这件事自有其进化论上的意义。

学习时间

游戏时间结束后，菲菲驮着弗洛伊德继续行进。只花了二十分钟，他们便抵达了下一个食源地。哈米斯静悄悄地走近我，打手势告诉我说菲菲接下来要开始捉白蚁了。

珍妮在动物学领域开创性的贡献之一就是发现黑猩猩同人类一样，不仅会使用工具，还会制作工具来收集食物和水。这改变了字典对"人类"一词的定义。听取了珍妮对黑猩猩捕捉白蚁的描述后，路易斯·利基博士给她发了一封电报。在电报里他说："现在我们必须重新定义'工具'，重新定义'人类'，不然我们就得把黑猩猩视作人类。"这句话后来成为名言。

的确，在我注意到前方距我一百英尺的白蚁堆之前，菲菲已经开始寻找长木棍了。"哇哦。"我忍不住低声惊叹道。那一刻，我才真正理解黑猩猩和人类是多么接近的种属。菲菲不仅在对她面前的东西做出反应，同样也在提前做计划——她记起了不远处有个大白蚁堆，而且她需要捉白蚁的工具。菲菲在附近一个大灌木丛里搜寻了一遍，检查了几根树枝，最终选择了一根最合适的。之后，她把树枝上的侧枝去掉，使树枝变得光滑而柔韧，易于捕获白蚁。她十分清楚为了维持自己和儿子的生命她需要做些什么。

菲菲到达白蚁堆之后，坐下来用手指在白蚁堆上戳出一个洞，非常仔细地把木棍捅进洞里。她稳稳地握住木棍，然后轻轻地把它抽出来。有十来只白蚁挂在木棍上，她立刻把这些白蚁舔掉吃了。这听起来似乎很简单，但多数人类研究者在亲自尝试这么做时表现很差劲。问题主要在于，把白蚁从蚁堆中捉起送进嘴里这一过程中，人类很笨拙，时间也把握不好。

我观察到了弗洛伊德在白蚁堆旁跟母亲学习捕食的过程。菲菲让弗洛伊德在距离自己几英寸的地方自己用木棍练习捉白蚁的基本技巧。虽然一开始弗洛伊德做得并不好，但到五岁时，他采集这种高蛋白食物的本领已经相当出色了。我自己不止是有幸亲自见证珍妮的历史性发现，也体会到菲菲对弗洛伊德的耐心是多么重要。为了让弗洛

伊德完全学会自己捉白蚁的本领，她需要给予他时间和空间。弗洛伊德的生存有赖于此。

我也是后来才理解，菲菲的耐心和冷静同样可以应用到人类的教育和学习中。尽管当时我的人生经验还不够，无法直接将我学到的东西用于实践，但弗洛伊德专注地观察菲菲捉白蚁的样子深深地印刻在我的脑海里，并成为我以后承担父亲和医生角色的指引。我的儿子长到两岁多时，开始大胆地探索周围的环境，宣泄自己的情绪时也毫无顾忌。"耐心，耐心，耐心。"在这段令人抓狂的时间里，我把这句话当作座右铭。

有时我也会向社会压力屈服。有一次，一位邻居到我家串门，汤米开始胡闹，并把烙馅饼的平底锅丢在厨房地板上。我问自己：我两岁的儿子丢平底锅的行为是否真的危险？还是与之相比，来串门的邻居脸上不高兴的神色更要紧？我把平底锅从汤米身边拿开——但心里对自己的决定感到有点不舒服。我知道，换作菲菲，一定会任由他继续探索周围的环境。

在儿子渴求独立的青少年时期，"保持耐心"再一次成为我的座右铭。当然，在养育孩子的过程中，规矩和界限始终是必要的，但对我来说，最难的是保持冷静。在儿子的青春期，当我的冲动变得难以克制时，我告诉自己："只要陪着他就好。"他们的傲慢，他们对我们某些要求的视而不见，他们故意贬低我们的话语，毕竟还是会挑动我们的情绪。

但这时我总会想起菲菲对弗洛伊德坚定不移的关心及对他的需要的回应——她实现这一点的方式只是简单地给他关注。后来，离开贡贝之后，我了解到，即便弗洛伊德进入青春期后，菲菲对他的莽撞行为及与其他黑猩猩交往时表现出的大胆态度依然很宽容。当他需要时，她依然会为他整理毛发、给他一个迅速的拥抱。菲菲让我知道，长期来看，保持冷静和敏锐比提高声音更有效（尽管我有时也忍不住会提高嗓门）。

我们在森林中的旅程依然在继续。让我心存感激的是，一天中大部分时间我们都有树荫遮蔽，下午还有凉爽的微风。哈米斯和我穿过茂密的灌木丛、跳过河流时，我忍不住会想，黑猩猩在丛林中行进更轻松的原因不知是不是他们比我们身量更短。他们翻越地面的灌木或林间的树枝时，根本不费丝毫力气。

除了被母亲驮在背上在林中游荡时小睡十几分钟，弗洛伊德并没有固定的午休时间。但当菲菲停下来休息并喂弗洛伊德吃过奶后，他似乎也会时不时地打盹儿。野生的黑猩猩直到四五岁才断奶，因此黑猩猩幼崽跟母亲待在一起的时间相当长。这使得他们能学习复杂的行为及获得充足的营养。黑猩猩这种长期的母子亲密期与人类十分相似，这也显示出早期的亲密关系对所有黑猩猩幼崽是多么重要。这种经常的自发性的肢体互动对菲菲也是有利的。很显然，这能维持他们稳定的情绪和充足的精力，并能持续地强化他们的母子联系，使他们的生命密不可分。举例来说，有一次当斐刚在一处瀑布附近发脾气

时，弗洛伊德惊惶地跑向菲菲的怀抱，而菲菲则张开双臂迎接他。母子两个紧紧抱在一起，直到斐刚富有侵略性的行为终于停止。弗洛伊德知道在哪里可以找到安全，在充满不确定因素的森林里，这是联系他们的纽带。

菲菲与弗洛伊德之间不需要额外的"优质亲子时间"——他们在一起的时光始终十分融洽。

以下内容摘录自我在贡贝的行程临近结束时撰写的一份田野考察报告，我在其中描述了一些菲菲和弗洛伊德迥异于贡贝其他黑猩猩母子的特性：

> 菲菲和弗洛伊德是贡贝最活泼、最从容的一对黑猩猩母子。他们在游戏中互动的频繁程度高于贡贝的任何其他黑猩猩母子。菲菲对弗洛伊德非常关心，哪怕有时这仅仅意味着弗洛伊德在距离菲菲数米之外的地方同别的黑猩猩做游戏时，她躺在地上休息时朝弗洛伊德的匆匆一瞥。菲菲觅食时，往往很长一阵子都不大理睬弗洛伊德，但他们待在一起的绝大部分时间里，菲菲都会跟弗洛伊德亲密互动，例如挠他的痒痒、同他扭打嬉戏、为他梳理毛发，或观看弗洛伊德同其他黑猩猩互动，等等。

> 弗洛伊德跟别的黑猩猩做游戏时，偶尔似乎显得完全把菲菲忘到了脑后，但通常他对菲菲的行动都十分敏感、在意。他们之间似乎并没有什么冲突。他们之间建立了一套独特的沟通系统，借助它，菲菲可以提醒弗洛伊德该动身出发了。菲菲首先会接近弗洛伊德，轻轻地咬他一下，或开玩笑似的拍拍他，然后开始他

们的行程。弗洛伊德能很好地回应这种提醒方式，总会乖乖地跟
着菲菲离开。

弗洛伊德的一个突出特点是随母亲行进的过程中总是不安分
地跳来滚去。每当落到母亲后面几米远的时候，弗洛伊德便会加
紧脚步跳跃着去追赶菲菲。有时因为用力过猛，他跌出了路面之
外，撞进了路旁的灌木丛中。之后他又会赶紧跑着去追赶母亲。

有这么一个爱耍杂技的儿子，菲菲大概也会平添很多乐趣。

菲菲和弗洛伊德在山谷里穿行。傍晚时分，我看到菲菲突然放缓
脚步，侧耳倾听从山谷那头传来的她的弟弟斐刚的啸声。显然，她听
出了他的声音及他啸声的意义。

"也许斐刚发现了一些成熟的果实。"哈米斯试着向我解释猩猩间
的交流。

菲菲把弗洛伊德驮在背上越过山谷，一直抵达斐刚所在的地方。
斐刚正在饱餐奶苹果。

"你是对的！"我惊讶地对哈米斯说。我知道黑猩猩啸声中的细
微差异代表着不同的含义，但当时我还无法像哈米斯或黑猩猩那样辨
别这种差异。在菲菲的成长期，她有大量机会学习自己族群的交流方
式。黑猩猩幼崽同母亲的亲密关系之所以格外重要，这也是一个原
因。因为母亲会为自己的幼崽学习这些极为重要的技巧提供指引。跟
人类社会一样，强大而固有的交流技巧对黑猩猩族群的发展、生存和
社交成功而言十分关键。

进化论视角下的黑猩猩

诺娃和斯克莎一定也听到了斐刚发出的召唤。因为这对黑猩猩母女很快也加入了约有十五只左右的黑猩猩组成的采食队伍。他们饱餐着牛奶果，展开社交活动。整个过程十分平静。社交对黑猩猩来说就像对人类一样重要。他们借着社交的机会发散精力、加深联谊、彼此交流——一句话，游戏取乐。观察着黑猩猩们的社交活动——有黑猩猩幼崽和他们的母亲，也有族群中的其他成员——我不禁想到人类中的大型家庭聚会，例如露天烧烤或在公园里游玩之类的活动。无论对单个的黑猩猩，还是对整个黑猩猩族群，这样的社交活动都十分重要。

诺娃和两岁的斯克莎很快爬到了一棵枝叶繁茂的帕里纳里树的高处。我因为要把一群昏昏欲睡的苍蝇从胳膊上赶走，暂时没有去看她们。当我再次抬起头时，我看到斯克莎在树枝间晃荡，做她惯常的杂耍游戏。突然，一个毛乎乎的黑球——那正是斯克莎——跌落到了距她七十英尺高的灌木丛里。看到这一幕，我坐在那里呆若木鸡，心想从这么高的地方摔下来，她肯定活不成了。

斯克莎躺在地上一动不动。诺娃飞快地从树上爬到她身旁，开始检查她身体的各个部位。诺娃不停地舔她的伤口，清理她的毛发，直到女儿能自己挪动身体，她一直都紧紧依偎在她身边。这一过程持续了几个小时，但诺娃一步也没离开过。终于，斯克莎又回到高高的树枝间荡秋千去了，而她的母亲依然在近旁守护着她。

诺娃对自己女儿坠落事故的反应体现了某些本能的东西。她仔细地检查斯克莎有没有受重伤，她在事故发生后对斯克莎的呵护有助于抚平女儿的情绪。后来，我看到人类父母在抚慰患病或遇到事故的孩子时，也有类似的反应。另一方面，我也见过保护欲过强的父母同样会引发孩子的焦虑。

作为父亲，当我的孩子遇到疾病或事故时，我也会担心。但我不希望把自己的焦虑传递给孩子。我希望他们懂得，他们受到的伤害会逐渐痊愈。即便不能，他们也能得到帮助。我很佩服我的母亲。对于我们童年时遇到的折断胳膊之类的事故，她总是能冷静面对。有些父母哪怕孩子只是得个普通感冒或肌肉拉伤也会紧张得要命，而有些父母则对孩子不理不睬，这两种父母都会让我忍不住皱眉。黑猩猩则懂得平衡：他们冷静而细心地对待事故，然后继续前行。

这些猩猩继续采食着奶苹果，并通过发声、为彼此梳理毛发、喂食、并排而坐、挑选将要在其上筑窝过夜的树木等形式保持着交流。弗洛伊德嬉戏的时候，菲菲的全副精力都放在他身上。她一直待在离他很近的地方。诺娃继续看护着斯克莎；葛姆林同弗洛伊德玩了好一阵子之后，梅丽莎轻柔地替她梳理着毛发。几只雄性成年黑猩猩安静地坐在附近，有的让雌性黑猩猩给自己梳理毛发，有的独自待着。

我放松下来，在想象中后退一步，为的是以进化论的观点审视我眼前的整幅图景。黑猩猩族群在这处遥远的森林中很是兴旺，因为他们遵循着正确的生存之道。在千万年的进化过程中，面对环境的巨变，他们的基因和习性的沿袭使他们在坦桑尼亚的栖息地生生不息地繁衍下去。回想着我在斯坦福看过的那部影片，我忍不住好奇菲菲的育儿技巧有多少是从斐洛那里学来的，又有多少是天生的。这是一个古老的问题：我们的行为在多大程度上来自环境的影响，在多大程度上由基因决定？似乎这还不够神秘复杂，科学家们最近发现，在我们活着的时候，基因也会因环境的变化而发生相应的改变。这些发生改变的基因可能会传递给我们的后代。不论环境和先天的影响比例如何，我可以确定的是，黑猩猩母亲的育儿技巧已经被证实是相当成功的。我们也可以得出一个结论，那就是，黑猩猩幼崽对母亲的长期依赖为雌性黑猩猩创造了充分的育儿条件。

不同野生黑猩猩族群间习性的差异为"通过观察来学习对黑猩猩的生存非常重要"这一论点提供了有力支撑。有一次，在晚餐聚会上，一位博士后研究员说："非洲其他地区的黑猩猩懂得用石头砸开坚果，这是他们从长辈那里学来的。贡贝地区没有这类坚果生长，因此'珍妮的黑猩猩'没有展现这一技巧。相反，他们掌握了从白蚁堆中捕捉白蚁的本领。很久之前获得的捉白蚁和砸坚果的技巧一代代被传下去，至今都是如此。"我对他的观点饶有兴趣。

从更为宏大的进化视角来看，黑猩猩幼崽对母亲的长期模仿学习，有助于黑猩猩族群更好地适应过去几个世纪里业已发生改变的环境。伴随着新环境和新食物的出现，黑猩猩会逐渐探索自己所处的环境，以获取维持生存所需的营养，并把自己学到的新本领传给后代。

不论黑猩猩和人类有什么共同的本能，黑猩猩与人类的母亲似乎都能通过观察有能力的母亲的行为而获益。那些因研究目的而被单独关在笼子里的黑猩猩往往有育儿障碍，至少在开始阶段如此。莫里·A. 布鲁姆史密斯在其论文《初产的黑猩猩母亲》中提到，与其他黑猩猩隔绝而独居长大的黑猩猩完全不懂得如何抚育后代。即便是在社会化的复杂环境中长大的没有母亲的黑猩猩，也往往不具备必要的育儿技巧。这类黑猩猩中只有三分之一能成合格的母亲。

八年之后，我从菲菲和弗洛伊德那里学到的东西派上了用场。我跟一个躁动不安的两岁婴儿及其母亲待在一间小小的诊疗室里。那位年轻的母亲神色黯淡，挂着黑眼圈。她说："杰妮一直都是这样。我不知怎么办才好。屋子一团糟，我找什么都找不到……"她声音哽咽，那个婴儿开始号啕大哭。"我什么也做不成。我什么也……"她也开始哭。

我觉得非常窘。我一边轻轻拍着她的肩膀安抚她，一边伸手去够纸巾盒。那时我对应付婴儿腹绞痛毫无实际经验，但我知道对一位已经精疲力竭的母亲来说，这意味着无穷无尽的麻烦。我还需要确保她明显的力不从心之外没有产后抑郁症。

"我很抱歉。"她说。

我想说点什么，但我突然想起了在贡贝的经验。我想起了菲菲的日常。有时她需要一边带着紧紧贴在她身上的弗洛伊德（这让他觉得有安全感），一边完成颇具挑战性的任务。

"你有能挂在胸前的宝宝背袋吗?"我问那位正在抹眼泪的母亲。她点了点头。我说："我想让你试试这个办法。把杰妮放进背袋里。做家务的时候把她放在离你不远的地方。"

那位女士貌似对这个主意感兴趣，但又有点怀疑，尽管她说她会试试。

几个星期过后，我又见到了这对母女。她们的精神状态似乎比以前好了。"当然，事情无法尽善尽美，"那位母亲坦率地说，"但杰妮

的表现好多了——我也是。"

菲菲和弗洛伊德清楚地展示了灵长类动物母子间亲密的肢体互动的重要意义，这是我亲自见证过的，这些经验被我用于增进人类间的亲子关系。亲密接触、肢体动作、轻柔的晃动有助于消解婴儿积累的负面情绪，这转而又帮助妈妈克服自己烦乱的情绪。当时我还没有孩子，我对黑猩猩的观察就是我给父母提供育儿建议的唯一灵感来源。很多新妈妈能从亲戚和其他妈妈那里获得有用的建议，当别人向我寻求此类建议时，我也感到有必要为她们提供一些指导。尽管我遇到的一些父母思想十分开明，但我从未透漏过这些建议的真正源头。

我在贡贝观察过的绝大多数黑猩猩母亲对自己的子女都十分呵护，且始终如一。但很多研究员对帕森持批判态度。她更多时候都是独自游荡，而不是跟其他黑猩猩母亲一起行动。对女儿的需求，她似乎不愿理睬——至少回应很迟缓。就连对自己两岁的儿子普卢福也很粗鲁。一位研究者告诉我，帕森显然本可以用"同伴辅导"的方式教育子女的。

后来这对母女做的事让珍妮和其他研究者深感震惊——有段时间帕森和博姆会夺走并杀死其他黑猩猩母亲的婴儿。她们吃掉了至少三个属于凯瑟克拉族群的黑猩猩幼崽——或许更多，对此研究人员无法给出明确的解释。一种推断是她们仅仅是想享受吃肉的满足，因为有次帕森杀死了梅丽莎的幼崽之后，还拥抱了梅丽莎。她似乎想通过这一举动让梅丽莎知道她这么做并不是因为她生梅丽莎的气。雄性黑猩猩时不时地也会吃黑猩猩幼崽，但他们吃的幼崽是从别的族群的雌性黑猩猩那里抢来的——也就是陌生黑猩猩。帕森和博姆这对母女有了自己的孩子后，终于停止这一凶残的肉食行为。在这三年里，菲菲的孩子是唯一幸存下来的黑猩猩幼崽。我怀疑帕森和博姆反自然的行为是否与她们缺乏母爱有关，或者又是其他内在因素导致的。

当我们观察的黑猩猩遇到麻烦时，我们从不去干预。我们只想观察和记录他们在野生条件下的自然反应。但珍妮早些年曾破例打破这一规矩。当时从人类村庄传过来的小儿麻痹症导致有些黑猩猩肢体瘫痪，甚至造成了黑猩猩幼崽的死亡。由于这是人类对猩猩领地的侵犯，珍妮觉得有理由把小儿麻痹症疫苗注入香蕉里给猩猩吃，以免他们因人传染疾病而相继死去。这一破例举动也让我们体会到了当初人类祖先在生存和繁衍方面所面临的挑战。

在贡贝，我曾从遗传因素与人为因素的关系出发思考人类的行为。我忍不住去审视珍妮·古道尔本人的家族史。珍妮超群的韧性、专注，或许还有她的冒险倾向，也许可以追溯到她父亲的基因。她父亲是一名成功的赛车手。珍妮童年时，她父亲不在身边。她童年期的抚育任务主要是由母亲和一个保姆承担的。珍妮的同情心、出色的交际能力和敏锐的感知力跟她母亲很像。

我甚至注意到，珍妮也采用了黑猩猩母亲的某些有效的育儿技巧。在菲菲和斐洛抚育幼崽的时候，珍妮自己也在温柔地指引自己七岁的儿子格鲁伯探索贡贝的自然环境。一个温暖的下午，在靠近湖岸的地方，我看到珍妮从一处灌木丛里取了一些干荚果放在湖岸边的一块石头上。格鲁伯紧盯着这些荚果。荚果受到阳光的曝晒爆裂开来，把种子散射到空气中。这是它们传播种子的自然方式。珍妮问格鲁伯这一现象有何重要意义，我至今都清晰地记得他努力思考的样子。

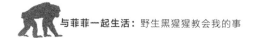

我在贡贝时，我们还无法得知黑猩猩的父亲是谁。但现在借助DNA测试已经能做到这一点了。我们也知道，大部分的育儿工作都由母亲承担。也许某些基本的育儿方式是由遗传决定的，但很多育儿技巧更可能是年幼的黑猩猩通过观察从自己的母亲那里学来的。

三岁的葛姆林长时间密切地观察着梅丽莎。现在，她正在以妈妈为榜样学习。我甚至看到葛姆林在学习捉白蚁和筑窝的过程中轻轻抓着妈妈的手臂，眼神十分专注。

大约九、十岁时，雄性黑猩猩的生长激素激增，大脑也会发生改变。这些改变会促使他越来越长时间地离开母亲。他开始逐渐跟其他雄性黑猩猩交往或独自展开探索。正如我们人类会有一段较为迷茫的青春期一样，黑猩猩也是如此。生长期的黑猩猩会远远地观察雄壮有力的成年雄性黑猩猩。这对年轻的黑猩猩来说是段颇有压力的时光。之后他会返回母亲那里寻求关爱和安心。当他开始小心翼翼地跟成年黑猩猩打交道时，出于安全需要，他仍会时不时地退避一旁。如同处于青春期的人类男孩，九、十岁的雄性黑猩猩在外貌和行为上都像个"小青年"，但他们依然是未成年。他们的行为还没有完全成熟。这些青春期的雄性黑猩猩可能会时不时地欺负成年的雌性黑猩猩，并逐渐以同样的态度去对待地位较低的雄性成年黑猩猩。雄性黑猩猩大概在十六七岁时完全成熟。

雌性黑猩猩跟母亲分开的时间较晚。她们经常会密切地观察各自的母亲如何抚育年幼的弟弟妹妹。渐渐地，她们开始一连几个小时地独自旅行，但当她们回到母亲那儿时，她们会从母亲那里寻求热烈的拥抱及让母亲为她们梳理毛发——而且一般都会得到。珍妮曾经提到，菲菲在九岁时，曾因为一场雷雨跟斐洛暂时分开。雷雨持续了超过一个小时，斐洛听到菲菲一直在啜泣和尖叫。雷雨结束后，菲菲爬上一棵高高的棕榈树去倾听母亲的召唤。她很快就发现了斐洛，于是迅速从树上爬了下来。当这对母女终于重聚时，她们久久地拥抱在一起，梳弄着彼此的毛发——菲菲终于安心了，母亲再次让她感到了安全。

在黑猩猩的社会里，家人们——包括兄弟姐妹，尤其是母亲和子女——终生都维持着亲密关系。黑猩猩幼崽在母亲的庇护下度过的漫长岁月让他们同母亲建立了亲密的情感联系，这一联系直到他们的晚年依然具有非同寻常的意义。在青春期这一联系有所削弱，但正如珍妮在其谈话中强调过的那样，即便是成年后的黑猩猩子女与母亲相处的时间也多过同族群中其他成年黑猩猩相处的时间。不仅如此，年老的黑猩猩母亲遇到危险时，她们年轻力壮的后代经常会站出来保护她们。黑猩猩子女离开母亲独立生活后，他们与母亲的关系依然很牢固。

太阳渐渐西斜，哈米斯和我交换了一下眼神。我们知道这一天的工作即将结束。我们观察着菲菲灵活地爬到附近一棵奶苹果树上距地面足有四十英尺高的地方，她从那里搜寻着合适的筑窝之处。旁边的另一棵树上，诺娃只是简单地修整了一下原先由另一只黑猩猩构筑的一个旧巢，往里面垫了一些新鲜的树叶和柔韧的小树枝。

而菲菲则最终选择了较远处一个林木更茂盛的地点。她四肢并

用，找来很多柔韧的树枝并把它们折弯，搭成了一个平台。她把更小的树枝折断，编到一起，然后用身体的重量把仍然新鲜的长枝压实。大约五分钟之后，她滚进了筑好的巢里。弗洛伊德立刻跳到她身上，紧紧依偎着她。这对母子在巢里安顿下来之后，从巢中传来的将只有他们的呼吸声，直到第二天清晨。于是，当太阳开始沉落时，哈米斯和我也踏上了返回营地的路途。

第四章

黑猩猩和人类之间

　　菲菲和贡贝的其他黑猩猩母亲为我们提供了黑猩猩在野生条件下抚育后代的重要样本，而雄性黑猩猩则为我们提供了与这一族群相关的另一个关键部分。斐刚、萨坦、法本和其他成年黑猩猩从进化论意义上呈现了属于雄性的粗犷行为——这些行为对这一大型族群的生存非常关键。对我来说，相比于观察雌性黑猩猩与其后代的互动，在丛林里跟踪雄性黑猩猩的压力要大很多。精力十足的成年雄性黑猩猩突然的攻击行为或对疣猴的集体狩猎和杀戮可能会毫无预兆地发生。

　　一场大暴雨让我对当时二十一岁的斐刚有了更深的了解。在非洲，暴雨有种独一无二的声势。那时我正在一处瀑布旁跟我的田野助手卢格马一块儿观察着一群黑猩猩。坠落的湍急水流撞击着岩石，在我身后轰然作响。大雨如注，狂风呼啸。这时斐刚的吼声又升高了一度。也许是瀑布的水声刺激到了他。水流坠落的轰鸣声似乎能触发猩猩的某种原始本能。噪声同样能激发人类"战斗或逃走"，因为我们在心理上会把噪声认知为"危险"。

　　我注意到，斐刚一开始长吼，其他黑猩猩便纷纷从他面前逃离。卢格马和我同样挪开了一段距离，以避让斐刚的攻击行为。"待在这儿，"卢格马指导我说，"假装你是一棵树，待着别动。"我一动不动地站在那里继续观察。

　　斐刚毛发直竖，面目狰狞，折断低垂的树枝，猛力抛过水面。他跳到坚实的地面上，仍怒不可抑地四处巡回，将棕榈树叶胡乱抛掷，用力捶打着树干。他的吼声越来越响，震荡山谷。梅丽莎蜷缩在周围，葛姆林紧紧抱着她的躯干。我大张着嘴巴，感觉自己像在观看一部动作片。但其实我更是在亲眼见证一幕原始场景：一位首领在提醒自己的族群，自己的力量和威势一点也没丢。

我能清楚地理解为何生物会进化出这种激烈的力量展示行为。族群首领经常会向族群中的其他成员彰显自己的威势，而斐刚这种富有攻击性的耀武扬威则会使林中的其他动物感到胆寒，哪怕是最危险的动物。站在附近的我就紧张得不得了！我经常看到雄性动物做出此类夸张而吓人的行为——例如从山坡上疾冲而下、抛掷粗大的树枝，双脚直立、毛发竖起，好让自己显得更高些。

正如人类家庭一样，黑猩猩兄弟姐妹之间的关系同样可能紧张而复杂。斐刚是法本的弟弟。法本常常跟他一块儿出现，为他的力量展示提供支持。在我抵达贡贝的几个月前，法本跟斐刚一块儿战斗，帮他获得了首领的地位。法本还联合斐刚对埃弗雷德发动攻击。埃弗雷德是斐刚成为族群首领的最大障碍。他们的合作起了效，因为遭到"伏击"的埃弗雷德最终向斐刚屈服。菲菲的兄弟结成了一个牢固的联盟，靠着这层紧密的、保护性的关系，斐刚首领的地位维持了数年之久。

猩猩族群中这种复杂的关系和联盟让我惊奇不已。这似乎与人类为政治和社会目的结成的联盟很像。深藏于我们这种灵长类表亲基因中的暴力倾向也与原始人类颇为相似。那时候暴力比在当代世界更为有用。认识黑猩猩犹如了解我们的远亲——这也算是一种跨越种族的重聚吧。

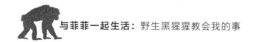

斐刚展示力量的行为让我想到了我们人类今天在和平共处方面所面临的挑战。我的一位老师大卫·哈姆伯格博士曾以灵长类动物的攻击行为为课题做过一些很有意思的研究。他相信这些研究有助于我们更好地理解人类的攻击行为。他做过好几届美国总统的顾问，为他们提供反恐建议。我离开贡贝一年后，一伙刚果叛军从贡贝绑架了四名学生。这一次哈姆伯格博士的知识成功地派上了用场。他们先是提出要求，后来却变得怒气冲冲。在这样的时刻，这些被绑学生的安全很难保证。但凭借对非人类灵长动物的情绪爆发的了解，哈姆伯格博士继续保持着冷静和专注，并让谈判得以继续。经过一个月的艰苦谈判，这些学生终于被释放了。我相信哈姆伯格对攻击行为及其在人类社会中演进过程的深刻了解一定对他有所帮助。

麦克是珍妮刚到贡贝时就生活在那里的一只黑猩猩。他靠脑力而不是体力在雄性黑猩猩的阶层中爬到了高位。他曾在一处营地发现一个空煤油炉子，后来他意识到，把煤油炉子滚下山坡发出的可怕声响能吓到其他黑猩猩。珍妮的前夫、后来成为野生动物摄影师和制片人的雨果·范·拉威克在他为《国家地理》拍摄的影片《古道尔小姐和野生黑猩猩》中对麦克的行为有一些精彩的影像记录。片中有这么一幕：黑猩猩汉弗莱和其他几只黑猩猩安安静静地坐在一道山坡上，突然，他们开始四下跳跃逃窜，因为麦克开始轰隆隆地滚动那个空煤油桶。靠着自己的才智和煤油桶之类的道具，麦克的首领地位维持了好几年。这些丛林中的场景往往引起观众对黑猩猩的强烈认同感，因为我们自己或其他人类为了达到目的往往也会采用同样的伎俩。意识到我们与人类的表亲黑猩猩如此接近可能会让我们感到惊异——甚至是启迪。

我与黑猩猩的第二次肢体接触发生在斐刚身上。那时他正从一道山坡上冲下来，我要避开他已经来不及了。我十分惶恐，只好把身子紧紧贴住一片茂密的灌木丛，但仍躲不开。我被吓呆了。斐刚有八十五磅重，但比跟他同体重的人类强悍四倍。他毛发竖立，面目狰狞如武士，右手还拖着一片很大的棕榈树叶。他轰隆隆地冲过我身边时，左脚很可能会撞到我。我感到大腿上被重重地拍了一下——不是狠狠的一击——但我还是松了口气，因为他没有整个儿从我身上碾过去。或许是因为这次事件，我对斐刚生出一种好感。我知道他本可以把我撕碎，但他并没有那么做。

雄性黑猩猩通过观察其他雄性黑猩猩学习炫耀力量的行为。弗洛伊德两岁时，我见过他试图模仿十七岁的黑猩猩萨坦的样子。萨坦当时刚进入成年期。有天萨坦在我们的营地里四处撒野，乱扔棕榈叶，狂捶树干，黑猩猩和研究员们纷纷躲避。年幼的弗洛伊德和菲菲从一棵树下静静地观察着萨坦。当萨坦离开很久、一切恢复平静后，弗洛伊德学着萨坦的样子"展示力量"。他的力气连萨坦的十分之一都不到。他有气无力地嚎了几声，把几根小树枝扔到空中，扭着身子在地上踩了几脚，随后安静地坐了下来。我猜我是唯一看到这一幕的灵长类动物，为了照顾这只卖力的小黑猩猩，我尽力装出一副被吓坏了的样子。

黑猩猩之间确实存在肢体冲突，正如年轻的人类男女同样会打架一样。雄性黑猩猩之间的打斗主要是为了确立秩序。一只占支配地位的雄性黑猩猩最终会做几年霸主，直到被赶下台。雄性黑猩猩一半的攻击性行为都是为了争夺地位。他们之间的搏斗很少会造成严重伤害。建立秩序是为了避免更频繁的打斗——通常是因争夺食物而起以及交配期的打斗。秩序能让每只黑猩猩都意识到自己在族群中的位置。雄性黑猩猩首领可以跟任何可受孕的雌性黑猩猩交配而不必再凭武力同其他黑猩猩角逐。雌性黑猩猩间等级不那么分明，但她们的力量及自卫手段——哪怕她们身上还紧紧依偎着小猩猩——也令人印象深刻。雌性黑猩猩间的打斗只是偶尔发生，有时是为了争夺肉类，有时是同来自另一族群的雌性黑猩猩起冲突。

然而，一只不那么有攻击性的黑猩猩同样可能俘获处于发情期（可受孕）的雌性黑猩猩的芳心。我们开玩笑地把这叫作"游猎"。一段关系静静地发展，雄性（或雌性）黑猩猩似乎有意将雌性（或雄性）黑猩猩引诱到距黑猩猩社群很远的地方。我离开贡贝之后，卡洛琳·图丁告诉我，萨坦凭借自己圆滑的社交技巧、耐心和策略成功地将雌性黑猩猩米芙带离了族群。在长达一周的时间里，雌性黑猩猩只跟在族群中地位较低的雄性黑猩猩交配，这有利于扩大整个族群的基因谱。非首领级黑猩猩的这种"成就"也可能有助于族群优选某些可遗传的特性，例如策略运用。

除了肾上腺素突然爆发而引发的与其他动物——蟒蛇、水牛、豹子或来自另一组群的黑猩猩——的搏斗（也可能临阵脱逃），贡贝的黑猩猩也有自己的休闲时光。他们常常一连一两个小时地在河边休息或进食。即便是斐刚也不例外。作为族群的首领，他格外需要随时加入战斗。然而，他转瞬之间就能恢复镇定，具体表现为拥抱另一只黑猩猩几秒钟或多花点时间梳理毛发——对他而言通常是别的黑猩猩为他梳理毛发。作为黑猩猩间的社交活动，梳理毛发包括轻触和抚摸。一只黑猩猩用手指梳拢另一只黑猩猩的毛发，看上去似乎是在清理潜藏于毛发中的小虫或带刺的植物果实，但通常一无所获。这有点类似于人类的抓背。梳理毛发可能以集体的形式进行，也可能是一对一。两只到十只不等的黑猩猩或一对黑猩猩母子会安安静静地坐在某处，充满爱意地细细梳理彼此的毛发。这不仅是一种休闲放松的方式，似乎也是一种有助于凝聚家庭和族群情谊的沟通方式。

从心理学的角度讲，这种舒缓的活动比持续的精神紧张更有利于灵长类动物长期保持健康状态。针对人类和其他灵长类动物的研究表明，长期高水平的肾上腺素和皮质醇分泌可能会削弱免疫系统并导致长期健康问题，如疲倦、体重增加、消化不良和精神抑郁。我们才刚刚开始认识长期心理抑郁对人类健康的影响，但可以肯定，持续的抑郁状态对健康是有害的。

在我的行医生涯中，我常常能遇到像马雅尔一样的病患。马雅尔的肠道症状被称为肠易激综合征。我们发现她的症状可以追溯到她处于青春期的儿子开始有不良行为并严重不适应学校生活那段时期。虽然她自认为她的经常性腹泻是细菌感染导致的，但通过以医学和心理学手段纾解她对儿子的持续焦虑，她的症状得以好转。

野生黑猩猩似乎还发展出了其他的调节紧张情绪的手段。一只地位较高的黑猩猩在森林里偶遇跟他同属一个族群的雄性或雌性黑猩猩时，他的毛发会竖立起来，有时他偶遇的雄性黑猩猩也会竖起毛发作

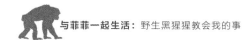

为回应。而当族群中等级最高的黑猩猩做出攻击性的姿态时，别的黑猩猩一般会蹲伏下来或发出柔和的咕哝声以示屈服。随后，黑猩猩会以意在消除敌意的拥抱、亲吻以及必然会有的梳理毛发等动作来释放紧绷的神经，舒缓气氛。

在贡贝时，有天我看到菲菲做出一件我从未见过的事。她的弟弟斐刚又要开始炫耀力量。他双腿直立，毛发竖起。这时，菲菲走到他后面，用一只手轻轻握住了他的睾丸。斐刚立即坐了下来，声音也软了，随后开始平和地梳理自己的毛发。我的田野助手亚斯尼看到这一幕，忍不住用手去捂自己的嘴巴，以免笑出声来。菲菲轻抚斐刚阴部的动作让他恢复了平静，中止了一场即将开始的力量展示秀。

这种带有性意味的情绪抚慰术让我想起了黑猩猩和人类共同的表亲——同属灵长类动物的倭黑猩猩。倭黑猩猩以前被叫作侏儒黑猩猩，生活在民主刚果共和国的中南部地区。他们比黑猩猩略矮，身材较小，在体格上更接近人类。他们以性和肉欲来消释敌意。他们把"要做爱，不要作战"落到了实处。他们的性不止于交配，而是具有不同的功能。举例来说，一只雄性黑猩猩可能会爬到另一只雄性黑猩猩身上，为的是缓和他的攻击情绪；两只雌性黑猩猩为了表示友爱，会摩擦彼此的身体。但这两种行为并不会引发他们的性高潮。最近，在阅读《倭黑猩猩的握手》一书时，我对这一种属产生了兴趣。该书作者凡妮莎·伍兹在书中描述了她对生活在刚果首都一个自然保护区内的这些非凡生灵日益浓厚的喜爱之情。或许因为过去一千多年来都固定地栖息在刚果盆地中的雨林中，这些倭黑猩猩无须像贡贝的黑猩猩那样依靠武力保护和夸张的力量展示也能存活下去。但时至今日，只有停止盗猎行为和对他们赖以栖身的雨林的破坏才能挽救他们。

与黑猩猩不同的是，倭黑猩猩属于母系社会族群。但珍妮·古道尔早就及时指出，即便在有大量实证做支撑的、富有倾略性、属于父系族群的黑猩猩间，也有雄性黑猩猩抚育幼崽的例子。生活在贡贝的黑猩猩梅尔和达比在三岁半时成了孤儿，她们的母亲被流行性肺炎夺去了生命。后来她们分别被族群中年轻的黑猩猩领养照顾。尚未成年的黑猩猩施斌德尔和成年黑猩猩贝多芬都失去了母亲，他们担起了抚育梅尔和达比的责任。他们与这两只黑猩猩幼崽共享自己的睡巢，照料她们的日常生活。有趣的是，最近（利用粪便样本中的 DNA）做出的亲子鉴定数据显示，领养了达比的贝多芬正是她的生物学父亲。我们对黑猩猩的基因和遗传行为还不够了解，因此无法就黑猩猩父亲如何辨认后代做出切实结论，但这无疑是很有意思的信息。

一部摄制于非洲雨林的纪录片《黑猩猩》也为我们提供了另一个雄性黑猩猩抚育幼崽的例子。这部影片讲述了一个黑猩猩首领领养照顾失去母亲的黑猩猩幼崽奥斯卡的故事。很显然，就连黑猩猩族群中最强悍的雄性黑猩猩也有能力抚育和照顾年幼的黑猩猩。

在贡贝，我有幸同理查德·朗汉姆共事。他是研究雄性黑猩猩行为的专家，后来成为哈佛大学的麦克阿瑟荣誉学者和人类进化生物学教授。理查德与珍妮·古道尔的传记作者戴尔·彼得森合著了一本动人而具有现实意义的书，《雄性暴力：猿与人类暴力的起源》。在该书中，理查德描述了人类社会中的男性是如何从我们五百万年前与黑猩猩极为相似的祖先那里把攻击和暴力继承下来的。尽管时至今日人类已经不再需要这些基因维持生存，但它们依然能在男性占主导的社会

中引发骚动。

　　如果今日的人类社会能像倭黑猩猩族群一样，推崇性别平等，抑制攻击欲，那么我们将因此而受益。相比动物，我们的脑容量更大，我们有自己的道德准则，这关系到我们未来的生存，因此必须善加运用，以抵消我们的"作恶"倾向。通过我对野生黑猩猩行为的切身观察，结合理查德的深刻分析，我开始理解黑猩猩世界中侵略和争斗背后的原因。这反过来让我对人类的行为有了更透彻的认识。

第五章

特立独行的蜂夫人

抵达贡贝三个月后的一个清晨，天还没亮，我已经醒了。我穿上卡其布短裤和衬衣，把录音机检查了一遍，随后朝湖边的营地走去。喝了茶、吃了面包，我徒步走了一小段路去田野助手们的宿舍跟我当天的助手爱思洛姆会合。在一轮圆月映照下，我们沿着湖岸在充满默契的寂静里走着。我们经过三个山谷才抵达卡哈马谷地（Kahama Valley），这是"南部"黑猩猩族群生活的地方。

那周早些时候，我们一个名叫卢格马的田野助手对珍妮和包括我在内的几个学生说："我看到蜂夫人了。她正带着她的新宝宝穿过卡哈马谷地，离我们的南部边界非常近。"

蜂夫人是一只成熟的黑猩猩，菲菲和她所属的族群出没的凯瑟克拉谷很少出现她的踪迹。蜂夫人是栖息在南部卡哈马谷地的黑猩猩族群中的一员，该族群是几年前从生活在北部的、规模更大的凯瑟克拉族群中分离出来的。

听到蜂夫人有了新的幼崽，珍妮的脸上焕发出光彩。她沉吟了片刻，将面孔转向我，问道："约翰，你去卡哈马族群观察一下蜂夫人和她的新宝宝怎么样？"

这个重大的任务让我有点吃惊，因为我只是一个新来者。但不用说，我立刻就答应了。当天晚上，我带着点调侃的语气跟同为研究员的卡洛琳说："我答应珍妮之前忘了查看一下我的日程表，还挺满的。"这绝对算得上是特别让我振奋的任务之一，到南部的未知地带更让我有种神秘感。

珍妮对我工作的关心让我深受鼓舞。一般情况下她并不跟我一起去野外观察，但晚上我们经常在一起谈论我的观察所得。对观察过程她不会管得太严，相反，她赋予学生研究员充分的自由，相信他们能把精确的观察记录反馈给她。她让我去跟踪蜂夫人，我觉得很光荣。

走在清晨的湖边是很有诗意的一件事。圆月依然在天际徘徊，万籁俱寂，只有波浪轻轻拍打着湖岸。路上我们经过几处渔人搭建的茅草小屋。这些小屋是空的，因为渔人从不在月圆之夜捕鱼。他们晚上用自己编织的渔网在湖中捕捉被称为"迪加斯"的小鱼，靠灯笼把鱼儿吸引到船边上。而如果月光太亮的话，这一招就不灵了。因此这一天渔夫们会回到山那边的村子里与家人团聚。

终于，爱思洛姆和我见到了我们的向导拉斐尔。他对南部黑猩猩族群比较熟悉。我们朝着被称为"蜂"的黑猩猩家族过夜的地方进发了，为的是寻找正带着幼崽小蜂和九岁的女儿蜜蜂行进的蜂夫人。我们一定要在黑猩猩们醒来并开始当天的活动之前找到他们过夜的地方。

到达目的地后，我仰头凝视着猩猩们为过夜搭建的巢。一丝不安掠过我的心头，我知道自己正置身于一处陌生的山谷中，面对着一群我一无所知的黑猩猩。我有点想念凯瑟克拉谷里那些我已经渐渐熟悉的黑猩猩。研究者不常追踪南部黑猩猩族群，因此我不知道他们对我这个追踪者会有什么反应。是因害怕而逃走，还是会变得气势汹汹甚至攻击我们？

天光渐渐变亮，一只雌性黑猩猩从巢里爬出来，一只黑猩猩幼崽紧贴着她的肚子。"这就是蜂夫人。"拉斐尔悄声说。蜂夫人的女儿比幼崽年龄稍大，她是在自己的巢里过的夜。过了一会儿，她也从巢里出来跟母亲和妹妹会合。蜂夫人只用一条手臂把她的宝宝抱在怀里，另一只手臂无力地垂在身体的一侧。我跟爱思洛姆交换了一个眼神，他轻轻地点了点头。1966 年一场小儿麻痹症瘟疫席卷了此地的黑猩猩族群，蜂夫人的一条胳膊就是那时候瘫痪的。

这种疾病非常可能是从附近的村庄传过来的。在黑猩猩族群受到感染之前，附近的村庄就爆发过一次小儿麻痹症。根据美国国家人类基因图谱研究所（NHGRI）2015 年发布的一份报告，人类有 96% 的DNA 跟黑猩猩完全一致。因此黑猩猩会从人类那里染上从感冒到小儿麻痹症、麻疹、耐甲氧西林金黄色葡萄球菌（MRSA）、病毒和寄生虫感染等多种疾病也就不奇怪了。

但看着蜂夫人带着紧紧依偎在她腹部的小蜂，缓慢而小心地用她能活动的手臂在树枝间荡悠，我依然感到很高兴。这位黑猩猩母亲的适应能力给我留下了深刻的印象。这是个动人的画面——一只黑猩猩身体上的残缺并未影响她履行身为母亲的职责。诞生不久的黑猩猩幼崽已经学会抓紧母亲躯干上的毛发，并在母亲穿越森林时以安全的姿态依偎在她腹部。这无疑有利于黑猩猩的生存，因为当黑猩猩幼崽安全地躲在母亲的身下时，黑猩猩母亲可以在行进中或从事艰苦的筑窝任务时腾出双手。即便是这样，我还是很难想象蜂夫人是如何一边照看小蜂，一边用一只手筑窝的。蜂夫人饱餐奶苹果的时候，小蜂抱着妈妈吃奶，而蜜蜂则在母女俩身下的地面上巡回。我坐在地面上，

上图：获救的黑猩猩巴布搭在斯坦福大学学生林妮·约翰逊·戴维森的肩上于校园附近漫游。摄影：约翰·克洛克，1973

下图：向西远眺贡贝河国家公园草木葱郁的山谷，远处是坦噶尼喀湖。目前有大约一百只黑猩猩生活在贡贝河国家公园。摄影：格兰特·海德里希，1973

左图：维克尔怀中抱着自己的幼崽维奇，而维奇正在伸手去触碰七岁大的阿特拉斯。
摄影：约翰·克洛克，1973

下图：学生时代的我和珍妮在贡贝的森林中观察黑猩猩。摄影：阿达杰·吉策曼，
1973

左上图：普卢福吊在一根树枝上，在帕森身旁玩耍。背景中较大的黑猩猩为帕森，她正在为女儿博姆梳理毛发。摄影：约翰·克洛克，1973

左下图：嬉戏中的弗洛伊德。他面容愉快，紧抓着葛姆林。菲菲（左）和梅丽莎在一旁休息。摄影：约翰·克洛克，1973

上图：黑猩猩首领斐刚在吃赢来的香蕉。他显得警觉而霸气。摄影：约翰·克洛克，1973

上图：成年的葛姆林咀嚼着用自己折断的树枝从白蚁堆中钓出的白蚁。版权所有©珍妮·古道尔研究会／摄影：珍妮·古道尔

右上图：米芙和她的幼崽迈克尔马斯。在母亲温暖而安全的怀抱中，迈克尔马斯保持着完美的吃奶姿势。此时刚下过一场暴雨。摄影：约翰·克洛克，1974

右下图：成年黑猩猩在山谷的高处巡视。摄影：科特·布瑟尔，1974

上图：我们的学生和研究员团队。后排左起：科特·布瑟尔，卡洛琳·图丁，格兰特·海德里希，安东尼·柯林斯，朱莉·约翰逊，艾米丽·博格曼·芮斯，珍妮。前排左起：吉姆·摩尔，丽莎·诺威尔，我。照片提供：约翰·克洛克，1974

下图：田野助手爱思洛姆·莫庞果和我在聊天。我们即将出发跟踪黑猩猩。照片提供：约翰·克洛克，1973

静静地观赏着眼前巨大而茂密的树木和藤蔓，倾听着动物们发出的各种声响。

突然，从更高的山谷里传来黑猩猩的啸声和叫声，声音很大，我从自己的白日梦中惊醒了。卡哈马族群的雄性黑猩猩昨晚是在距离我们大约一百码的地方过的夜，现在他们醒来了，正在穿过森林。

他们的声音越来越大。我抓起了我的笔记本。树枝发出沙沙的响声，随后，我看到五十英尺之外，三只雄性黑猩猩正朝我们冲来。这时我意识到我还不知道这群黑猩猩中哪个是领头的，于是更加惊慌了。我蹲下身子，准备朝相反的方向逃窜。但爱思洛姆挪到我身边，悄声对我说："我们待在这里就好。"

这群黑猩猩的骚动不过是前一天他们成功猎杀疣猴的余绪。这三只黑猩猩每只都捕获了一只疣猴，其中一只名叫果弟的黑猩猩此刻正炫耀地把他杀死的疣猴的尸体挥来挥去。我知道黑猩猩愉悦的面孔——张开的嘴巴，松弛的嘴唇——他们彼此嬉戏时会有这样的面孔——和他们朝前猛冲时狰狞的表情、闪烁的利齿有何不同。

有那么一瞬，我以为事情正在缓和，但我错了。果弟拍打着树枝，在地面上来回跺脚，发出高亢的啸声，毛发根根竖起，他的炫耀还在继续升温。随后，他暂时中止了他的炫耀，因为他开始继续吃他捕获的疣猴的尸体，这大概持续了几分钟。坐在他旁边的其他黑猩猩不断恳求他分一点碎肉给他们吃。

就在我认为整场骚动即将告一段落的时候，这支黑猩猩族群的雄性首领查理来到了这里。表演反而升级了。雌性黑猩猩们尖叫不已。整个大地都在晃动。我的两个田野助手和我尝试着退到树丛中去，以

免成为黑猩猩们的攻击目标。我们眼前的黑猩猩只有七只，但看上去就好像有二十只之多。

查理越走越近，所有其他的雄性黑猩猩都开始新一轮的炫耀行为。蜂夫人此时已经退到了一棵树上，但果弟和另一只黑猩猩史尼夫却突然对她发动攻击。让我特别吃惊的是，这两只体形较大的雄性黑猩猩不停地捶打蜂夫人，最后终于把她和小女儿小蜂从树上推了下来。除了单纯地展示力量，这种攻击似乎没有别的原因。可怜的蜂夫人和女儿爬过地面，她尖叫着，尽力保护着自己和小蜂。她们总算逃离了混乱的场面。看上去她们受到了惊吓，但所幸并未受伤。蜂夫人、小蜂和蜜蜂终于不再尖叫。她们彼此紧偎在一起，梳理毛发，吃水果，之后便离开了。

与此同时，雄性黑猩猩和一些雌性黑猩猩抓着晃晃悠悠的藤蔓，沿着一堵巨大的峭壁向上攀登。爱思洛姆和我跟着蜂夫人的家庭在平坦的地面上漫游，拉斐尔领着我们通过陌生的山谷。

雄性黑猩猩表现出的暴力让我颇受震动。亲眼看到一只残疾的黑猩猩被其他黑猩猩如此攻击，我觉得很不安。也许这类攻击背后的原因与黑猩猩的生存本能有密切关联。我想到了人类根深蒂固的攻击倾向。我想到了人对人的欺负。这些黑猩猩是我们最亲近的灵长类亲属——他们是最像人类的动物。他们的暴力令人瞠目，极为骇人，人类也有类似的暴力——例如劫掠、没来由的袭击、恃强凌弱——我们在夜间新闻节目中经常看到。或许我们的进化程度并不如我们认为的那么高。

与雄性的力量展示迥异，观察黑猩猩母亲与幼崽之间的宁静关系是件赏心乐事——例如蜂夫人与其女儿的关系。黑猩猩母亲和幼崽共处的大多数时间都是在梳理毛发、嬉戏和漫游等轻松平和的活动中度过的。在我观察蜂夫人和她的幼崽时，我也看到她的长女蜜蜂时不时地会帮母亲梳理毛发。但蜜蜂真正的动机似乎是借此接近她的小妹妹，因为她总爱靠近小蜂，并轻轻地触碰她。蜜蜂甚至会去嗅小蜂坐过的地方，似乎辨认妹妹的气息对她而言是种天生就有的本能。蜂夫人虽然失去了一条手臂，但她依然在野外环境中成功地将自己的后代抚养长大，而家庭成员间这种亲密的互动和交流或许就是她能取得成功的原因之一吧。

下午过完一半时，我决定跟拉斐尔和爱思洛姆道别，自己走回贡贝的营地。那天轮到我在营地的诊所值班，我想在换班前先在湖里洗个澡。我准时赶到我们的简易诊所，开始为医生打下手的工作。诊所关门后，我去餐厅同其他研究员共进晚餐。吃晚餐时，我发现大家都想听我讲讲我的南部黑猩猩族群之旅。珍妮、理查德、南希、卡洛琳和比尔对蜂夫人的家庭以及她和孩子们的相处情况都很好奇。于是，坐在一张大木桌旁边，我向她们描述了雄性黑猩猩对蜂夫人的野蛮袭击。桌旁的每个人都禁不住摇头。

"果弟和史尼夫为什么要袭击蜂夫人呢？"一个新来的学生问，"这说明什么？"

在场的各位没能给出一个明确的答案，但我开始意识到，这些强壮有力的黑猩猩体内的激素分泌是他们进行自我防卫和觅食的必要条件，但滥用时可能造成破坏性的后果。他们对蜂夫人的攻击非常猛烈，但其实他们并未使出全力。我知道他们本可将蜂夫人一家当场

杀死。

我离开贡贝之后，得知居住在北部的凯瑟克拉族群的雄性黑猩猩对南部的卡哈马族群的雄性黑猩猩——也就是那些攻击过蜂夫人的黑猩猩——发动了有预谋的袭击，并完全消灭了卡哈马族群的黑猩猩。在珍妮开展黑猩猩研究的头十五年里，她从未见过这种族群间的"火拼"。这类对同类生物的残暴攻击是否也与生存本能有关呢？南北两个族群间曾有过多年和平互动的历史，但后来北部族群的成年雄性黑猩猩开始在"边境"上巡逻，并对规模相对较小的南部族群展开"侦察"。几个月后，他们开始对个别南部族群的雄性黑猩猩展开疯狂攻击。最终，他们杀死了南部族群所有的雄性黑猩猩并占据了他们的领地。但他们并没有伤害南部族群中处于青春期的雌性黑猩猩。这些雌性黑猩猩最终成了凯瑟克拉族群的一部分。有些成年雌性黑猩猩遭到杀害，有些加入了其他黑猩猩族群。

黑猩猩食物和水源的改变或人类活动对黑猩猩路径的破坏都可能是引发这种野蛮袭击的原因。以往黑猩猩正是靠着这些路径在森林中行进及扩展自己族群的基因谱系。但这些袭击也可能是我们目前尚不理解的偶发行为。长远看来，单个动物——乃至动物间的集体火拼——可能有助于动物族群对环境的适应。这些袭击有可能让暴力行为在基因谱系中得到强化。通常情况下，与地位较低的雄性动物相比，在族群中享有更高地位的雄性动物有更多的交配机会。为了保证把"暴力基因"传给下一代，以帮助他们在充满危险的野生环境中生存下去，这些暴力行为对整个族群而言或许有必要的。

蜂夫人不但在其他雄性黑猩猩的袭击中活了下来，还在袭击中保护了自己的女儿们。在当晚的桌边交流中，这给珍妮留下了很深的印象。"了不起的蜂夫人，"珍妮说，"小儿麻痹症都没把她杀死，我就知道她很强。"

那天夜里，我一直在思考白天所见的发生在黑猩猩身上的种种行为。从雄性动物的暴力到雌性动物对幼崽的顽强保护，人类家庭和我们的近亲黑猩猩之间的相似性实在让人无法忽视。

第六章

信任与安全

我在贡贝的时间已经过完了一半，和其他研究者一样，我也形成了自己固定的工作程序——如果观察湖岸上的狒狒群（像有些研究者所做的那样）或跟着黑猩猩们东颠西跑也算得上是"工作程序"。我们同坦桑尼亚籍的田野助手分享田野工作的苦乐，同他们一道处理日常琐事；我们与他们交流，也跟他们一块儿探险。追踪黑猩猩本来就够激动人心了，而穿过森林去瀑布边上或裂谷山的即兴远足更为我们增添了不少乐趣。一方面，当我向家乡的朋友们在信中描述非洲水牛那声若雷鸣、连大地都震动不已的吼叫时，我觉得自己特别而又幸运；另一方面，当水牛们逐渐逼近，我不得不像别人教过我的那样爬到树上躲避，并战战兢兢地等着它们走过去时，我也会在一瞬间希望自己是在舒适安全的大学图书馆的小隔间里。

在这种充满潜在危险的环境里，最大的安全感来自周围同事的支持。以往驻扎在贡贝的研究者所享有的长达十三年的安全环境也使我更加放心。白天，有田野助手们的忠实陪伴；夜间，从湖畔为庆祝假日而燃起的篝火旁传来营地员工的击鼓声。这些总能平复我对自身安全的焦虑，让我感到安心。珍妮面对周遭世界的从容态度对我而言，犹如暴风雨中坚固的船锚。

但谁能想到这么一个年轻人，住在非洲一处小小的茅屋里，四周被野生的群兽环绕，置身于陌生地带，面对着各种热带疾病和风险，居然也能感受到信任和安全？我遗传了老爸对一切充满不信任的心态，但在这里，我一点点地摆脱了对陌生人的惧意，开始感受周围环境给我的舒适。这种转变是在贡贝逐渐完成的，我在丛林中阅历的增加和亲密的人际关系促成了这种转变。

我在贡贝遇到的一切，无论是刚到贡贝时珍妮令人心暖的欢迎还是夜里为我读诗的研究员托尼，都使我探索原始森林的信心日益增强。有天晚上，我尝试着在一个废弃的黑猩猩树巢里过夜，当我蜷缩着身子躲在树巢中时，托尼带着手电筒来看我是否安好。这个富有同情心的苏格兰人是狒狒研究项目的负责人。他知道我独自在漆黑的夜晚睡在高高的树枝间可能需要一些鼓励，于是站在树巢下面，开始为我读诗。直到今天我都能回忆起他的举动带给我的安心感觉。他的苏格兰口音在林中回荡，我觉得很放松，在树巢里一直待到大天亮。虽然过了半夜托尼还是回到了他那供人类睡眠的舒适床铺上，但他的安慰长久地伴随着我。

不用说，我的田野助手们也给了我实际和心理上的安全感。他们多数都是来自当地村庄、年纪二十来岁的男子。他们心地非常善良，又极能吃苦耐劳。我见过他们光着脚在泥地上踢足球。他们有良好的观察力，对当地的植物和动物群落也非常熟悉，所以才能够承担营地里各种重要的任务。

我刚到贡贝的时候，爱思洛姆指着五十码之外的一只黑猩猩对我说："那就是斐刚。"这让我感到很惊讶。后来他成了我熟悉的朋友。从那一刻起，我就知道一切对黑猩猩的记录和观察都会很精确，因为我有爱思洛姆、哈米斯、卢格马、海拉力、亚哈雅及其他田野助手的帮助。

早些年有位贡贝营地的女性研究员自己在森林里做研究时摔死

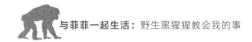

了。后来学生和研究生研究员追踪黑猩猩时必须有田野助手陪伴就成了强制要求。他们对当地的动物和贡贝森林的地形非常了解，跟他们在一起，我觉得十分安全。

但有天晚上我们遇到了考验。我们观察的黑猩猩都已经入巢安睡，我们像往常一样走回营地。这时我们离营地还隔着好几个山谷。走了一阵子之后，我们经过一棵树。这棵树我们好像见过。

"喂，我们是不是走过这儿？"我指着那棵树问爱思洛姆。

我们止住了脚步。他看着我，皱了皱眉头。"嗯，"他说，"或许吧。"他观察了一下四周。我站在那里等着。

我们继续向前走。天色渐渐变黑了，森林十分茂密，看不见月亮。我们的手电筒电量不足，只能发出微弱的光线。爱思洛姆摇了摇手电筒，又在手上敲了敲，但没什么用。我的心沉了下去。我感到我们可能得在毫无遮挡的森林里过夜了。我又累又饿，觉得身体有点疲惫。

"我们得找到湖岸，确定一下方位。"爱思洛姆说。但我们朝着自以为正确的方向走了一阵子之后，似乎仍在绕圈子，根本没走多远。

我担心我们迷了路，但同时对爱思洛姆探路的能力又很有信心。我对自己说，他一定能找到正确的路。"老兄，我们状况如何？"我问爱思洛姆。

"Sawe，Sawe。"他回答道。意思是还行——只是还行。

我们比平时紧张了不少。一头野猪叫唤了一声，音量很高。我们都吓了一跳，紧贴着身子一块儿朝一边跳去。那个时候，我觉得又害怕又累又饿。

森林似乎更暗了，分辨林中的小道也变得更加困难。一个小时之后，我们发现了一条溪流。爱思洛姆说："咱们跟着溪流走！这样我们就能走到湖岸上。"

"好的。"我说。于是我们再次出发了。我们在山谷里沿着河流跌跌撞撞地走——有时甚至蹚着河水走——我不知道我脚下踩的是什么。至少没什么东西来咬或蜇我穿着凉鞋的脚。没什么比知道我们现在已经能找到湖岸更让我轻松的事了。我们因紧张而升高的肾上腺素支撑着我们一路跑到了湖岸上。当然，下坡路也帮了不少忙。

当我们终于抵达湖岸时，爱思洛姆笑了起来。接着我发现我们都在大笑。我们笑得如此厉害，非坐下来不可。我们一直笑了好几分钟，谁也说不出话。紧张的情绪总算得到了释放。湖岸上视野更好，我们知道我们可以安全返回营地了。这对我们来说是卸掉了很大的负担。在走回营地的路上，我们商量着该怎么跟营地里的其他人说才不丢面子。我觉得这么说更好一点：我们跟踪的黑猩猩被一头豹子困在了一棵树上，所以我们必须留在原地观察黑猩猩是否安全。

这次惊险的经历之后，我对森林的某些莫名恐惧似乎烟消云散。之前我一直在担心自己会遇到什么事故，现在这种担心消失了。也许这只是因为我第一次意识到，当我置身于森林中时，我的田野助手始终会把我的安全放在第一位。

在所有的田野助手中，我最尊敬的是哈米斯·马塔马。哈米斯引领我走过丛林，态度始终那么温和。他给了我作为黑猩猩观察者的信心。他对自然的深刻了解和他的生活智慧让我很钦佩。跟踪黑猩猩时，哈米斯总是安静而从容。在森林中，他时常能根据自己捕捉到的

声音、气味和动作判断出特定的鸟类、黑猩猩的行为或不同种类的植物。在我彼时二十二年的生命里，他是我遇到的第一个对自然环境有着异乎寻常感知力的人。

追踪黑猩猩时，哪怕是遇到比较棘手的场面，哈米斯脸上仍是一派从容。我从一开始就意识到了这一点。我抵达贡贝两周后，黑猩猩首领斐刚和他的哥哥法本合力杀死了一只疣猴。其他闻讯赶来的黑猩猩和狒狒高声尖叫着，想抢得几块碎肉吃。我站在他们中间，有点不知所措。哈米斯注意到了我脸上的迷惑，走到我身边，点了点头。仅仅是他站在我身旁，我就能获得自己所需要的安心。

在追踪黑猩猩的时候，哈米斯不仅仅非常熟悉地形，更懂得如何避免危险。有一天，我正聚精会神地在小道上跟着一群黑猩猩跑。突然我被拽住了，无法再前进。原来是哈米斯紧紧抓住了我的衬衫：前面不远处就是一个瀑布下落点。我朝下看了看，心怦怦直跳，这才意识到刚才是多么危险。

"我们只能跟到这儿了。让他们去吧。"哈米斯平静地说道。但他脸上的表情充满关切。

"唉。"我说道。在我们快速前进时，我的确需要对周围的环境更加留神。"谢谢你。"深深地叹了口气之后，我对他说。我应该让他走在前面带路才对。

哈米斯在森林中的风格堪为典范。在观察某只黑猩猩时，他十分专注而放松，但从不会忽略周围的大环境。他有"双重视力"，既能看到树木，也能看到森林。

与我共事的其他研究者是我信任和安全感的另一个来源。有天晚上，我睡得很糟糕。早上醒来后，我发现我的右腿足足比平时粗了两圈。我只是满心惊恐地盯着它看了几分钟，随后还是挣扎着下了床。我费了很大的劲才把短裤穿上，随后走去餐厅吃早餐。

我走进餐厅后，艾米莉吃了一惊。"喂，这是怎么回事？"她问道。

我说："我、我也不知道。似乎有点感染。"几个人走过来查看我浮肿的腿。卡洛琳——一个黑猩猩研究员——和托尼看起来都很担心。

"我们得去医院。"艾米莉宣布。

"不，不。我觉得还好。我想今天看看情况再说。"我说道。她不为所动。我低头看了看我的腿。我不想今天错过跟哈米斯一块儿观察黑猩猩的机会。但我的腿看起来的确有点严重。

"得了，硬汉。我们要去医院。"她说。我只好不情不愿地答应了。

检查的结果是我腿部受到了细菌和真菌感染。是我的塑料凉鞋和赤裸的皮肤摩擦引起的。幸亏艾米莉逼着我到基戈马市看了医生。我上医院来回花了六个小时。回来后，我在我的茅屋里休息一阵子。医生坚持要我用一根硬毛刷用力刮刷和清洁我脚上的伤口，那里是最早受到感染的地方。这是整个治疗中最痛苦的部分。但是有效！比尔、卡洛琳和托尼给我送来了吃的，又用绷带把我肿胀的腿扎起来，并提醒我每天都要吃一把抗细菌和真菌的药片。

尽管他们不好意思打扰我，但我深深地意识到，我们这个集体不会让任何人独自受苦。有人受伤或生病时，大家不会让你做自我牺牲的烈士。整个集体对每个成员都给予信任，每个人都能感受到集体的关怀。如果有人患病得不到治疗，那么可能会恶化为需要耗费莫大精力的急诊事故，甚至有可能影响整个项目的前景，因为它的安全性将受到质疑。

有一天，我正在诊所工作，一个九岁的小女孩和她父亲走了进来。朱莉为那个小女孩做了检查，然后把我叫了过去。她打手势示意我去看那个面无表情的小女孩僵硬鼓胀的腹部。我推测这个小女孩的症状可能是因寄生虫感染而引发的肠梗阻。但朱莉对我说："约翰，你能带拉诗达和她父亲去一趟基戈马市吗？她需要去医院！"

基戈马市在营地的南方，有三个小时的行程。我对路线很熟，因为我开着营地那艘小小的、用天然气做燃料的木船去基戈马的市场买过很多次食物。我们去医院一路都很顺利。

我把拉诗达和她的父亲送到了当地的医院。那是一座只有一层的煤渣建筑，跟基戈马主城区隔着几个街区。我们到那里时，已经是晚上九点，夜色漆黑，市区的大部分人家已经准备入睡。但医院里人还是很多。人们在候诊区排着队等待接诊。穿着白色制服的医护人员面色庄重严肃。医生和护士对我们询问的回答直接而干脆。别的病人已经够他们忙的了。拉诗达等了好一阵子才见到医生。我把他们留在那里，拍了拍她父亲的胳膊以示安慰，之后便在一片漆黑之中独自开着小船返回贡贝。

回程的路一开始显得有点神秘。岸上的村庄正在庆祝斋月。一路上能看到岸上闪烁的点点火光。听着水面上回荡的吟唱之声，我的胳膊上禁不住起了鸡皮疙瘩。没有月亮，天空一片漆黑。明亮的星星和渔灯倒映在水面上。夜幕和水面似乎融为一体。我把指尖浸入水中时，连水的温度似乎也和空气一样。漆黑的夜色、闪烁的火光和岸上的唱诗声令人昏昏欲睡。我觉得自己似乎是在银河中飘荡。

渐渐地，我从幻想中走了出来。当我环顾周围时，我的心差点从嗓子里跳出来。我迷路了。我已看不到岸上引航的标志，我担心水面下的石头会把马达撞坏。仅仅是一瞬间，我宁静的心境就被惊恐替代。营地在哪里？我忐忑不安地想。时间已经很晚，贡贝营地的所有人只怕都已经睡着了。有没有人想到我会有危险？

经过了似乎无比漫长的时间之后，我注意到岸上已经没有火光了。这意味着我正在接近贡贝——要么就是我开过头了。

终于，将近半夜时分，我辨认出了靠岸点之外珍妮的房子。我长出了一口气，掉转船头，停靠在了岸边。我看到一个人影走了过来——是爱思洛姆。当我认出他后，由于脱险后的激动，我几乎要哭出声来。他走进水里，帮我把船固定好，确认我没事才放心。他知道我会很晚才回来，所以一直在等我。一股兄弟般的殷切暖意涌遍我的全身。

尽管后来我知道最好不要一个人夜里在湖中开船，这件事也让我懂得了周围的"村民"是多么值得信任。爱思洛姆在夜里等我回来的负责态度和人情味将永远留在我的心间。

第七章

哈米斯·马塔马：我的朋友和导师

在一个这么非凡的地方，为这么一个非凡的项目工作，这为我带来了强烈的认同感和对田野助手和研究员集体的归属感。能为珍妮·古道尔工作，我们都觉得很幸运。而我觉得自己尤其幸运，因为我走出了自己的小天地，体验到了更辽阔的世界。我结交了很多朋友，但在所有的田野助手中，哈米斯·马塔马与我最为亲近。

一开始，哈米斯做田野工作的风格让我颇感困惑。当他不动声色地注视着树木和动物时，我觉得他有点走神。我自己在观察黑猩猩时，总是专注而振奋——每根神经末梢都处于活跃状态。而哈米斯的超然态度似乎与追踪和观察黑猩猩时应有的紧张情绪格格不入。但我很快便意识到，我误会了他。

到贡贝几周后的一次徒步中，我对哈米斯的看法有了改观。当时我们静静地坐在地上，彼此挨得很近，我觉得他在做白日梦。突然他毫无征兆地望着我问道："约翰老兄，unataka kuona nyoka？"意思是，你想看看蛇吗？

我们站起身来，走了大概有15英尺。然后他指向灌木丛，我还以为我看到的是一段细树干呢——直到它开始慢慢地移动。原来那是一条大蟒蛇！它蠕蠕而动，我吃了一惊，朝后退去。当我们坐在那里时，哈米斯其实一直在聆听草丛中的声响，也许他已经瞥见了蟒蛇的踪影。我误把他的沉默当作了无聊或心不在焉，事实上他一直在留心环境中的视觉及其他感官讯息。他在森林中跟踪动物的本领十分高超。当我跌跌撞撞地在林中前行时，他会朝我露出灿烂的笑容，这充分体现了他的幽默感和对这份艰苦而有意义的工作的热爱。

哈米斯对他观察到的一切都很专注——其中也包括我。有一次，当我们一块儿在山谷中徒步时，他的心思似乎都在周围的地形上。但他忽然说："我觉得我们应该停下来，在这儿休息一会儿。"那正是我感到自己的双腿已经累到走不动的时候。这并非他唯一一次察觉到我的需要。他不但会注意到我的疲惫，当我辨认远处某只黑猩猩时需要他的帮助，他也能感知到。他对森林十分了解，并且懂得如何避免森林中的危险——包括看得见的和看不见的。

当然，我们之间也有我意料之外的文化差异。有一次，我们在晚餐前沿着湖岸散步。夕阳西沉，男人们整理着自己的小船，为夜晚的打鱼做准备。哈米斯轻声说："这些男人准备外出打鱼了。"

我看着脚下的沙子，仔细倾听着周围的声响。忽然，哈米斯非常轻柔地握住了我的手。我吓了一跳。我见过坦桑尼亚男人手拉着手散步的样子，也知道这是他们文化的一部分，但我的脸依然热得发烫。过了不知多久，哈米斯才放开我的手。但其实也许连三分钟都不到。我感到特别难为情，但同时又很高兴他能把我当朋友。很快，我就习惯了这种礼仪。我感到自己成功地融入了他们亲密的"男人帮"，正如坦桑尼亚女人也有自己的"姐妹帮"一样。我很享受与田野助手们相处时的那种轻松自在，如今我也意识到，由于我在贡贝度过的岁月，我对朋友更为坦诚，与朋友的关系更为亲密，因为我把在贡贝学到的某些兄弟般的互动方式带了回来。

哈米斯领着我跟在黑猩猩后面跋涉时，我常常会想，假如能拜访哈米斯位于布贡戈村的家，该多么有意思呀。哈米斯的家在裂谷山的

另一边，需要徒步走五个小时。我从没听说其他学生拜访过田野助手的家。但我十分好奇。在非洲要经历的东西太多了——丛林、沙漠、山岭、农村和日渐扩大的城市、多样的文化、乡村和部落。我想亲自看看和感受一下我的朋友成长的村庄，只属于他的独特非洲。

一天下午，哈米斯邀请我跟他一块儿回家。不过说，他是在我多次暗示之后才主动带我去他家的。之前我问过他很多问题，比如："你家是什么样的？""你们自己种粮食吃吗？""你养鸡或别的小动物吗？""你跟父母一起住吗？""村里的小孩都做什么？""最近的学校在哪里？"

这趟旅行是我在非洲最难忘的经历之一。我跟着哈米斯沿着尘土飞扬的小路走着，爬到裂谷山的高处，壮美的风景令人惊叹。我们走过光秃秃的山腰，长达数月的时间里我都是置身于密林中，现在突然完全暴露于日光下。温和的微风抚摸着我的脸。我的想象力迸发了，我幻想着自己像一只鸟，朝辽阔的大湖飞去，不时回头去看被浓荫覆盖的山谷，那里正是黑猩猩生活的地方。开阔而壮丽的风景激发了我的灵感，我想象着自己如同老鹰一般高高地翱翔于裂谷山之上。深蓝色的天空映衬着浅棕色的群山，天空中一片云彩也没有。4500米的山峰上空气十分干燥，尽管如此，哈米斯还是俯身从一个灌木丛中捡起一朵白色小花，让我嗅它栀子花般的香气。

之后我们便开始下山。途中我们经过很多小片的玉米田和木薯田，如果不是因为这趟旅行，我在非洲永远都不会看见它们。木薯是坦桑尼亚人的主食。这是一种木本灌木，根为块茎状，淀粉含量丰富。木薯的根可以捣碎后做成食物，与蒸土豆类似。这些长势旺盛的植物被木篱笆围着，靠近一条蜿蜒的河流。河流的下游就是村落聚集的山谷。我们无疑正在离开猩猩的领地，进入人类的领地。

我路上我们遇到一位老人。我低下头说："Shikamoo mzee.①" 这是向老者表达敬意的方式。然而，或许因为我是个白人，那位老人自己也把头低了下去。我把头埋得更深，他也把头埋得更深。我们两个抢着要把头低过对方，哈米斯不禁笑了起来。后来我们的头几乎要碰到地面了，哈米斯的笑声也越发响亮。

终于，我们抵达了哈米斯的宅院。他的家是五座简陋的泥筑茅草房，坐落在一道青翠的小山坡上。我能看到房子后面远处的宽阔山谷。哈米斯跟他的父母及年轻的弟弟妹妹住在一处，他的祖父母住在另一处，他年长的哥哥姐姐和其他家庭成员各居一处。这些住处由一个小院子连在一起。鸡自由地跑来跑去。一条棕红色的泥土小路通向主宅，土质非常细腻。走在这条小路上，我不禁有点担心，不知我该如何应对，不知我的斯瓦希里语能否流畅交流。

但见到哈米斯的母亲后，我的紧张感便消失了。"欢迎到我们村和我家做客。走了这么远的路，现在你们终于到了。"她用斯瓦希里语问候道，态度十分从容。"你要来点茶吗？"她问。我点头表示感谢。于是她说了声"失陪"，起身去准备茶炊和下午餐。

我见到了哈米斯的一些亲戚。在哈米斯家的院子周围散了会儿步。之后，便坐在凉台上同他家的亲戚寒暄。一群孩子在我们周围嬉闹玩耍。一些年幼的孩子从门廊里好奇地朝我张望。茶炊准备好了，

---

① 斯瓦希里语，意为"您好，老人家"。

哈米斯的妈妈叫我进屋喝茶。那醇厚的芳香让我想到印度出产的香料和新制成的陶器。她往一个茶杯里倒了半杯芬芳浓郁的红茶、一点牛奶，又放了满满一勺糖，足足有四分之一茶杯那么多。她把这些材料搅拌均匀，小心地把茶端给了我。

我尝了一口甜如糖浆的茶饮，笑了笑，尽量忽略那甜得腻人的味道。我想把它放到一边，但又有些犹豫。"喝下它。"我反复对自己说，"干了吧。"我颇费了一会儿工夫才完成这个艰难的任务——而且过后有点恶心——但总算还不失为一个有教养的客人。

不一会儿，晚午餐时间到了——非常丰盛的一顿饭，有木薯、豌豆、鱼汤和新鲜的绿叶蔬菜。都是在小火上焖熟的，没有用水。这个大家族的十四位成员劳作了一整天，现在要放轻松，谈谈天，说笑一会儿了。为的就是简单地聚聚。

"哈米斯告诉我，你正在学医？"哈米斯的妈妈问我。

"Ndio。"我点头回答，"我还要再学上四年，然后再实习三年，才能独立行医。"

"噢——这时间可太长了。既然你技术不错，完全可以留在这儿工作嘛。哈米斯对用药草治病就很拿手。"

我意识到这里的多数村民更愿意找本地的民间医生看病，而不是去基戈马市的国有诊所。我不知道本地的孩子是否打过小儿麻痹症和其他疾病的预防疫苗，但他们看起来都非常健康。

我把自己盘子里的食物吃完后，哈米斯的妈妈要再给我盛一些饭。幸好，我学过一句能在这种场合派得上用场的斯瓦希里语。我笑着把头略微一低，坚定地说道："Nimeshiba。"意思是："我已经吃得很满足,吃不下更多了。"这是告诉别人"我吃饱了"的委婉方式,只需要一个词。它也包含对别人的招待表示感谢的意思。想到我的斯瓦希里语老师,我心中涌起一股感激之情。他教会了我这个重要的说辞。拒绝别人为你添饭的委婉说法就只有这一个。

剩下的下午时光,哈米斯家族的成员是在轻松愉悦的交流中度过的。他们大部分时间都在院子周围闲谈,散步。观看孩子们的嬉闹,同时还要避开跑来跑去的鸡。这种其乐融融的景象让我不禁希望自己也是在这样的家庭氛围中长大的。我自己的成长缺少这么温暖的家庭关系。尽管我的母亲总是能照顾到我们的需要,为我们提供安慰;尽管她和我在情感上也很亲密。作为一个全职的家庭主妇,虽然她也会为我们准备美味营养的饭菜,但我记得最清楚的是她为我们打开的那些混合了法式和美式风味的意大利面罐头——始终是我的最爱!

哈米斯家轻松包容的家庭关系与记忆里我自己家晚餐前后的紧张氛围是种鲜明的对比。在我家,晚餐是家庭成员一块儿吃饭的主要机会。我成长的过程中,父亲一直都在为职场上的升迁拼命工作。他经常很晚才回到家,心情总是很烦躁。为了不惹父亲发脾气,我们四个小孩只好自己想办法找点乐子。

造访过哈米斯家族之后,我不禁想,等我回到自己家之后,也许能劝劝父母,让他们在晚餐之前也能来点小仪式,让家庭氛围轻松一点,让家人能真正聚一聚——但在明尼苏达州漫长的冬季里,这显然无法在门廊里进行。

当天晚上,当我跟哈米斯步行走回贡贝时,我忽然意识到,我跟哈米斯所属的社区在精神上是多么亲密。布贡戈的人们跟大自然似乎

有很深的联系。他们也明白我多么珍视这种联系。这里没有电，因此多数时间人们都在户外活动。与我家乡靠高能耗驱动的交通方式相比，步行是令人愉悦的改变。对我来说，这里慢节奏的备餐和交流方式也让我颇为心动。食物、家庭和时间在这里浑然一体。哈米斯和他的家人肯定无法理解匆匆忙忙吃饭或为家人相聚设置时间限制的做法。

也许我要寻找的是一种更为深刻、更多感恩的生活方式。在布贡戈我已经看到了家庭生活最完美的一面，但这其实并不重要。我在心里幻想着自己未来的家庭该会多么浪漫迷人。我很想再回到那个村子，在那里睡上一夜。在想象中，我睡在一条薄薄的毯子上，离脏兮兮的地面只有几寸远，听得到孩子们的呼吸，穿过黑夜的风，以及晨鸡报晓的啼鸣。

在接下来与哈米斯共事的几个月里，我们的友情变得更加深厚。尽管如此，当我获得为期三周的休假时间后，在要不要邀请他跟我一块儿攀登乞力马扎罗山的问题上，我还是犹豫再三。我需要考虑贡贝微妙的惯例。在贡贝，除了进城和吃饭之外，跟田野助手一块儿旅行可不常见。或许是因为这会让某个田野助手显得较为特殊，引发其他田野助手的嫉妒；又或许是因为开支问题或沟通上的困难。但最后，我决定不去理会这些东西——除了开支。我会负担我和哈米斯出行的开支。但这样一来，我们将没办法去大型的野生动物园，连平价旅馆也住不起。这只能是一次"三流"的旅行。但有我的朋友哈米斯做向导，语言和文化障碍都将不再是问题。

为了这次"休闲"旅行，哈米斯和我首先要坐两天半的三等车厢去往达累斯萨拉姆。这只是我们到莫希（Moshi）的第一程。然后我们会从莫希出发，一块儿去攀登乞力马扎罗山。火车驶离贡贝，我俩站在仅能立足的车厢里。车厢里不仅人满为患，还有鸡和山羊。在如此拥挤的车厢里，我根本不可能跌倒。动物散发的气味为这趟旅行增添了另一种草根气息。幸运的是，哈米斯上车时带了一些水果和面包，我也往背包里塞了一些熟鸡腿。我们就在车上把它们狼吞虎咽地吃掉了。出于我们的英明远见，我俩在距达累斯萨拉姆有半程的地方下了车，在一家小旅馆睡了一觉。能从火车上下来休息一会儿真是一种愉快的解脱。

苏格兰人托尼是贡贝营地狒狒研究项目的负责人。他提出我们三个可以一起攀登乞力马扎罗山。他在山脚下跟我们会合。之后，我们加入了一个由十二个人组成的旅游团。团员们背景各异，来自世界各地，由一位经验丰富的向导带领。

我们从一个热带谷地出发向上攀登，沿途景色迅速从林木变换成了冰雪。从海拔 4000 英尺起，一直到海拔 19300 英尺的顶峰都是冰雪皑皑的景象。当我们开始接近冰雪地带时，我忽然想到，雪对哈米斯来说完全是陌生的。我弯腰捧起一把冰冷的雪，做了一个雪球，朝哈米斯扔去。不过时机可能不太对，因为他还在仔细研究雪的样子。他并没有笑，而是困惑地望着我，似乎不明白我为什么突然用雪球砸他。

"我们玩雪时就是这么干的，"我向他解释，"这叫作'打雪仗'。"他疑惑地皱了皱眉。对哈米斯来说，雪如此美妙，他首先想到的显然不会是用来打雪仗。越往上越冷。我们带来的少量东西和借来的装

备让我们在面对高海拔地区的凛冽空气时很是窘迫。登山的第四个晚上，因为太冷，我们两个几乎一夜都没合眼。我们也遇上了高原反应。哈米斯的反应比我的更强烈。他的话越来越少。他捂着肚子，只想躺下来休息。他说觉得头很疼，身子很弱。深夜一点，我们要动身攀登最后一段路时，哈米斯留了下来。

"你们去吧，不要管我，"他轻声说，"我觉得太冷了，感觉很不舒服。"看得出来，他忍受着高原反应和低温的折磨。但不论如何，他已经体验到了攀登中最美好的一部分，也就是最开始的 15000 英尺。这段路途天空湛蓝，气温舒适。让他独自留下来，我感到很难过。但我也知道，继续前进对他来说要冒很大的风险。

托尼和我终于在上午八点抵达了顶峰。我的胃很难受，整个人都冷得不行，呼吸急促。周围浓云笼罩，四下茫茫，什么景色也看不到。我闷闷不乐地望着托尼问："我们为什么非要攀上顶峰呢？这是你的主意，还是我的？"

低海拔地带的景色更有意思。我们在那儿也更愉快。现在，在顶峰之上，我一点也没体会到成就感。想到哈米斯孤零零地一个人留在最后一处营地里冷得发抖，我觉得很内疚。假如有太阳映照着苍茫白雪，我能够看到几英里之外的塞伦盖蒂大草原，我也许还高兴一点。然而我不得不忍受着高原反应带来的恶心，从山顶只能看到云团。但我明白了一件事：对我来说，生命的奖赏来自日常生活中的成就，而不是征服高山这样的壮举。跟哈米斯做朋友比登上乞力马扎罗山更让我自豪。

我也不禁反思人类"登顶"的欲望。因为与生俱来的支配欲，大猩猩斐刚一路打败对手，成为黑猩猩族群的首领。我们每个登山者或许也同样受到这种欲望的鼓动。我们向上攀登时，登顶似乎很重要。有人曾问乔治·马洛里为什么要攀登珠峰，他回答："因为它在那里。"但如果我今天再次回到乞力马扎罗山，我宁愿只攀到山上的第四处宿营点，而不去管剩下的4000英尺。我会慢慢攀登，花更多时间去留心向上攀登途中景致的变换；把更多的注意力放在同伴而不是山脉上。

我在山顶上看了五到十分钟的云，然后开始往回走。我很高兴能回到哈米斯身边。休息了一阵子之后，他感觉稍微好些了，已经能渐渐适应周围的气温。第二天，我们顺着山路往下跑，因为我们无须再一点点去适应海拔由高到低的变化——至少在我们的年纪不用。我们租来的登山靴湿漉漉的，很不舒服。但我们不怎么在乎。尽管面对低温和高海拔我们准备得很不充分，但我们毕竟还年轻。经过林间的长途跋涉之后，我们也能很快恢复。同时，我们也在学习自然和野外生存技巧。

辛苦的爬山过程结束后，哈米斯似乎迫不及待地想回到家乡。至少，他对游览更多城镇表现不出什么兴致。他依然觉得自己身体虚弱。在整趟旅行中，他始终小心翼翼。从品尝食物到与路上遇到的人交谈都是如此。但我注意到，他买"吉堂绔（kitangas）"时倒是兴致勃勃。这是女人们裹在身上穿的一种非洲印花布。他买了一些带回家乡的村子做礼物。

如今看起来，不难理解哈米斯为何在这趟旅程的大部分时间都如此畏缩拘谨。他本身就是一个安静善思的人。对待任何事他都很仔

细。在那次旅行之前，他从未到过任何大城市，更没跟一个连斯瓦希里语都还在学的白人一块儿旅行过。在攀登乞力马扎罗山之前，他也在达累斯萨拉姆待了一阵子。当时，我很奇怪为什么他对达累斯萨拉姆缤纷多彩的生活和琳琅满目的商品一点也不感到激动。这或许是因为，这些东西让他敏感的天性一时难以接受。他的家乡布贡戈村没有电，也没有汽车。相比之下，达累斯萨拉姆的交通、人行道上步履匆匆的人们、汽车和工厂发出的嘈杂噪声对哈米斯而言一定像个战场。但也有这样的可能：他其实也有热情，但并没有按我期望的方式表达而已。在我的文化中，喜悦和成就常常要通过挥舞拳头和大声喊叫的方式表达。我更熟悉的是普卢福和斐刚迈向雄性权力巅峰过程中展示力量的激烈方式。哈米斯的内心也许是激动和喜悦的，但他并不需要以外在的方式表现出来。

跟哈米斯一起的一趟旅行对我而言意义非凡。后来我发现，哈米斯也是这么想的。回到贡贝几天后，我正在主宿营地埋头整理一些资料时，哈米斯提着一篮子鸡蛋走了进来，脸上满是期待。他把那篮子鸡蛋递到了我面前。是五十个煮好的鸡蛋。"啊，哈米斯!"我不由得叫出了声。这让我既惊喜，又感动。这份来自哈米斯的礼物奢侈而昂贵，面对它，我只有深深的感激与谦卑。我花了整整一个月时间才吃完这些鸡蛋——甚至还分了几个给别人。每吃一口，我都会回想起我们的旅行。

不用多说，拜访哈米斯的村庄比攀登乞力马扎罗山给我留下的印象更为深刻。攀上山顶的经历也许能成为我吹牛时的谈资，但受到哈米斯及其家人的热情招待才能带给我真实而持久的快乐。哈米斯把我介绍给他的父母和亲戚时十分自豪。在探寻生命意义的阶段，能在一个遥远的地方体验到无条件的接受，我心里充满感激。但不管怎么说，和哈米斯一块儿攀登乞力马扎罗山都算得上我和哈米斯友谊的里程碑。共同冒险患难的经历是一个重要的情谊仪式。这些经历让我们有所改变，但这种改变是共同的。

直到三十六年之后，我才了解到哈米斯生命的另一些侧面。由于他跟踪动物的本领、他对植物的了解、对黑猩猩的认识和在森林中的出色表现，我一直把他当作一个导师。后来我才发现，尽管他看起来确实比我年长一些，但他的真实年龄比我小五岁。我们在一块儿工作时，他只有十七岁。天啊，十七岁。那时我也不知道，他的大名叫作莫隆维。我从没听过别人这样叫他，所以我以为他一出生就叫哈米斯。坦噶尼喀湖边上也有个镇子叫莫隆维，就在刚果的贡贝市西北不远的地方。也许他就是在那儿出生的。"哈米斯"在斯瓦希里语的意思是"出生于星期二"。这是个很普遍的名字，但听起来更像一个绰号。

哈米斯成长于一个没有自来水也没有电力的偏僻乡村。他可能很早就学会了生存技巧和独立自主。其他田野助手举止也很低调，但都没有到他那种程度。这或许因为他是在他哥哥海拉力的阴影下成长起来的。海拉力同样在贡贝的营地当田野助手。但哈米斯的技巧、本领和智力的敏锐属于自己。后来，当我得知他的真实年龄后，我只能惊叹于他的成熟。回想我自己的十七岁，我从没给过别人什么建议，也没带领过人穿越森林——连领着别人穿越街区都没有。我从未像哈米斯那么稳重；我遇上一点尴尬事就会脸红。但哈米斯和我的性情里

有共同的东西，例如，我们对周围的环境都很敏感，也都愿意接纳周围的人。

在我们共处的时光里，哈米斯和我结下了长久的友谊。我们通过默契的微笑、手势和眼神等非语言方式沟通，跨越了语言障碍。我们对彼此有深切的了解，在工作中平等相待。我们拥有牢固的信任感和熟悉感。虽然我们不像黑猩猩那样为彼此梳理皮毛，但我们的关系同样深刻而愉悦。

第八章

走近珍妮·古道尔的世界

　　在专注研究贡贝黑猩猩的过程中，我对珍妮和她的工作有了更深的理解。珍妮了解野生黑猩猩的重要意义。我想要把这些意义传递给更多人的愿望日益强烈。这甚至让我时常质疑自己将来继续学医的规划。

　　在贡贝的营地聆听珍妮讲述自己的故事时，我往往会回忆起我们最初相处的时光。我第一次跟她有较长时间的接触是在1972年的春天。那时，我刚刚入选贡贝的黑猩猩研究项目。我跟一群参加斯坦福大学人类生物学研究项目的学生和老师聚在加州帕洛阿尔托一所房子的客厅里，就珍妮的研究展开讨论。珍妮也出席了那次讨论。午餐之后，依然未能从对珍妮的敬畏中回过神来的我溜进了厨房。不一会儿，我已经在同珍妮及她的母亲范妮一块儿洗盘子了。站在这对母女身旁，看着她们以轻松愉快的节奏做着事情，我不由得想到二十世纪六十年代她们一起在贡贝创建营地的情景。

　　范妮从英格兰赶过来，为的是帮珍妮打理她繁忙的日程及照看外孙格鲁伯。刚见到范妮，我就对她心生好感。后来对珍妮也是一样。她非常平易近人，言谈举止透露着温暖、友善和轻松。范妮一般只会躲在幕后处理这类聚会安排中的细节问题，但她始终很乐意同人谈天。跟她聊天也让我觉得特别有趣。

　　"你在英格兰时过得怎么样？"她问我。她知道我在伦敦西南一带待过。

　　"我很喜欢那里的酒吧和人。"说完这句话，我立刻就后悔了——

我不想让她觉得我把去酒吧当作头等要事。她朝我笑了笑，表示理解。我这才放下心来。

在动身远赴非洲之前，我特意多花了一些时间去参加有珍妮在的家庭聚餐和交流活动。通过这些活动，我逐渐开始认识珍妮。与普通人相比，珍妮和范妮的非语言交流技巧更为丰富。我忍不住好奇，不知这是不是她们花大量时间与贡贝的黑猩猩打交道的结果。我很喜欢她们的非语言交流方式，试图将其中某些方式融入我自己的行为中。在某个时刻，我忽然顿悟到，我母亲也会运用很多非语言交流方式。

如果珍妮或范妮柔和地微笑着，直视着你的眼睛，那表示"我同意"或"做得好"；如果在讨论过程中，珍妮的一只手放在我的膝盖上，表示"我喜欢你坐在我旁边，哪怕我现在没办法跟你讲话"；如果珍妮眨了眨眼，那表示"我很快乐"——这胜过任何言语的表达。

珍妮最出色的一点是，她懂得如何倾听。这听起来很简单，事实上远非如此。作为一个熟练的倾听者，珍妮能做到若无其事地专注于观察和聆听说话者。看似什么都没做，其实做了很多，这很有启迪意义。倾听与观察本身就是交流。我自己在交流时总有点啰嗦。因此我努力像珍妮那样，在交流中更多地使用非语言方式和敏锐的观察力，即便在我离开贡贝后依然如此。

这影响了我后来的行医方式。作为一名医生，我意识到，少说、多听、多观察能让我对病患更为了解。在接诊病患时，我会学着珍妮的样子，怀着耐心，以友善的姿态面对他们，同时注意观察。我会与病患进行眼神接触，以"你好吗"问候他们；而不是眼睛盯着电脑屏幕，一开口就说："你来这里是因为膝盖疼，对不对？"

珍妮和她的母亲面对生活的从容态度给我留下了深刻印象。在我去贡贝之前，我读遍了一切与珍妮有关的书。我知道她在英格兰南部滨海城市伯恩茅斯的成长经历；知道她从小对动物的热爱；知道她通过纪录片、书籍和引人入胜的演讲分享自己的研究与故事，激励了世界上无数人。她仍在坚持写作和开讲座，不遗余力地鼓励人类去关爱一切生灵以及保护这些生灵的——和我们自己的——栖息地。

在珍妮从事黑猩猩研究的早期，她抵抗住了来自科学界的指责。那些科学家认为她不应该将黑猩猩描述为有感情的物种，不应该为黑猩猩命名，"正确"的做法是为黑猩猩编号。照他们的方法，黑猩猩灰胡子大卫应该被命名为"黑猩猩 1 号"，斐洛应该被命名为"黑猩猩 3 号"。但珍妮的研究方法让世界各地的人对贡贝的黑猩猩社区有了更生动的认识。以同一个字母为同一个黑猩猩族群命名能让人们更好地记住他们的家族谱系。例如以字母 F 为斐刚、菲菲和斐洛命名。这样一来，人们便更容易理解她的研究工作。黑猩猩不仅仅是动物园里可爱有趣的动物。黑猩猩研究也不仅仅是与人类无关的一个科学门类。相反，珍妮让我们认识到人类与自己的灵长类近亲的联系，也让我们认识到自身与环境的联系。观察贡贝黑猩猩之间的互动能让我们以一个全新的视角审视人类自身的世界，有助于我们理解自己的某些优势与弱点。得益于珍妮的工作，人们试着去理解黑猩猩，记住他们的名字、个性和生活。举个例子，在珍妮一部记录贡贝黑猩猩的影片发行很多年后，在一个中国小镇上，一位年老的女士走到珍妮身边对她说："请多告诉我一些斐洛的事。我太喜欢她了！"

珍妮早年的时候便观察到了黑猩猩身上一些既令人兴奋又让人不

安的现象。这些现象是前人未曾注意到的。她观察到了灰胡子大卫用修理过的树枝捕捉白蚁的情景。这一观察改变了"人类是唯一会制造和使用工具的灵长类动物"的主流观念。珍妮也观察到，年幼的黑猩猩会学习如何在树上搭建复杂的平台供自己过夜。此外，她还观察到黑猩猩在亲人去世时表现出的严重抑郁症候。这或许是她最重大的发现之一。这为人类理解自己的近亲黑猩猩的情感和智力补充了重要证据。我们能够在黑猩猩身上发现与人类接近的反应，这不仅加深了我们对黑猩猩的理解，也让我们更深刻地理解人类自身。

前面我说过，1974 年，珍妮见证了凯瑟克拉谷的黑猩猩族群与栖息在南面几英里的卡哈马谷地的黑猩猩族群之间的战争。这让珍妮深感震惊。谈到这些攻击行为——它们与我目击的其他黑猩猩对"蜂夫人"及其女儿的攻击行为类似——珍妮感慨地说："过去我一直觉得黑猩猩比人类友善，现在我不这么看了。"

在对黑猩猩的观察延续了五十年之后，贡贝的研究者依然能在黑猩猩身上发现前所未见的行为。黑猩猩葛姆林在野外环境下将自己的双胞胎子女"金子"和"闪光"养育至成年的事迹就是其中之一。过去几十年，贡贝的营地也诞生过其他几对黑猩猩双胞胎，但这些双胞胎中，只有一只黑猩猩活过了幼年时期。这是因为，要将双胞胎黑猩猩养大，需要投入巨大的精力，还需要有利的条件，例如，得有一只年龄较大的后代协助自己。葛姆林是第一只在这种母婴关系中取得成功的黑猩猩。她要独自寻找食物，搭建供自己和两个子女过夜的大窝，在双胞胎诞生的头两年带领他们在森林中到处转移。在这种情况下养育一对双胞胎是难以想象的任务。然而她确实做到了。

珍妮在贡贝就像在自己家一样轻松自在。在贡贝，我才见到她开怀大笑、逗趣、凝望、惊奇和完全自在的样子——比她在加州讲课时更为自在。在贡贝，珍妮的组织才能得以充分发挥。她有办法把所有人都安排进她的计划和活动当中，对此我十分欣赏。她讲话的方式如此得体周到，不管你是什么背景，都会被她触动和感染。我格外珍视和她单独对话的时光。我将这些时光称为"听教宗布道"。在我当年的记录里，我这样写道：

> 她一开口，大家都会听。珍妮的表达力如此出色。她的话在倾听者脑中能立刻形成画面。无论她说的是细节问题还是宏观框架，都能被人清楚地理解。就算跟她并肩共事的我，也不明白她是如何做到这一点的。当我向同事们描述黑猩猩的不同行为时，我甚至会试着带点英国口音，但最后，我的结论是，珍妮的表达能力是天生的，而不是后天学来的。

即便珍妮不在我身边，我依然能体会到与她的牢固联系。当我跟踪黑猩猩的时候，我始终想着她，脑中浮动着她在开展黑猩猩研究的早期远远地观察黑猩猩的场景。我想象着她是如何日复一日地等待，直至最后黑猩猩许可她对他们进行贴近观察。多数人在危险的环境中孤零零地待上几个月便会选择放弃，但珍妮同那些黑猩猩母亲一样有足够的耐心。耐心、坚定的意志，再加上开放、善思的头脑，使得珍妮能够辨认和解释他人只懂得记录的东西。

一天下午，在上营地，距离我住的小屋有一半路程的地方，我获得一个机会，同珍妮谈起了我正在研究的那对黑猩猩母女。对我而言，这既是朋友之间的交流，也是黑猩猩研究者之间的交流。当我和珍妮站在树荫下讨论黑猩猩的时候，她同我分享了某些成对的黑猩猩的行为。倾听我的想法时，她始终全神贯注。这正是她的风格。

珍妮向我描述了黑猩猩帕森九岁大的女儿博姆以及博姆在两年前弟弟出生时的反应。"普卢福刚出生时，"珍妮向我解释道，"博姆显得很抑郁，对自己的弟弟也不怎么上心，因为弟弟抢走了妈妈对她的关心。"我点了点头，眯着眼睛思考着。珍妮继续道："我想现在博姆总算能帮忙照顾一下普卢福了——她现在甚至开始保护他了。"

"即便当养育普卢福成为家里的头等大事之后，博姆依然很渴求母亲的关注。不知是否该把这归因于帕森较为冷漠的育儿方式？"我小心翼翼地问道。

珍妮从来不会仅凭一两个孤例就得出结论。"为什么你不利用在贡贝的时间继续观察博姆对弟弟的行为呢？经过一段时间的观察，或许我们便能获得更深的理解。"珍妮说道。

珍妮思想上的包容给了我巨大的力量。我感到我要学的东西还有很多。我下定决心，要对这个黑猩猩家庭进行认真观察。在我们谈话的过程中，我意识到，这是我在珍妮面前完全表现出我自己，而没有被她的盛名所影响。回顾过去，我想她在百忙之中抽出一点时间跟我交流，或许是想多了解我一点。直到如今，这对我依然意义重大。作为一个耐心而善于聆听的母亲，或许她明白自己对我所起的榜样作用。得益于她的宽容态度，我也能够放松下来，做回真正的自己。我知道她会接受本来的我。

尽管在贡贝营地的所有人都愿意同珍妮一道工作，但一些来自斯坦福大学的学生联合部的研究者在权力和殖民主义等社会和政治议题上对珍妮提出了挑战。当时的一大争议是，我们该不该让坦桑尼亚工人从坦噶尼喀湖用大水桶每周为我们运一次饮用水？有些学生纠结于当时的越南战争和其他政治议题，认为我们应该自己运水。我不知该支持哪一方。我承认，这是我当年的典型风格。我力图避开在贡贝的冲突，正如在成长过程中，我总想避开家庭中的冲突一样。

"每当坦桑尼亚工人把水桶运到我们的小屋时，我都觉得自己像个殖民主义者。"比尔坚定而清晰地说道，"我觉得凭我们的强壮和能力，这些事我们完全能自己做。"

"过去十五年来，他们一直做得很好啊。"珍妮说。

经过激烈讨论后，我们的确开始自己运水了。这一过程持续了几个星期。但坦桑尼亚工人看到部分学生——特别是女生——从湖中取完水，沿着小路往回走时，他们觉得很难过。这项工作曾让坦桑尼亚人骄傲于自己的强壮。在他们自己的文化环境中，坦桑尼亚女人会头顶着很大的容器把水运回家中。但在贡贝，他们一直以来也许对西式的女性定位和女性义务心怀敬重——这可不包括用沉重的容器运水。讽刺的是，"让坦桑尼亚人为自己服务"令部分学生感到不舒服；当他们自己承担这些工作时，这种心理上的不舒服却被坦桑尼亚人承担了。

最后，我感到与多数不在当地出生的外来者相比，珍妮更为了解当地的坦桑尼亚人以及他们的习俗观念。当一些研究者决定自行承担运水的工作时，原本负责这项工作的坦桑尼亚工人感到失去了方向。

同时他们也忧心于失去的部分收入。珍妮明白方向感与身份和归属感的深切联系。正是这种联系最终帮我们解决了自己所面临的困境——我们最后还是把运水的职责交还给了坦桑尼亚人。

我比较幸运。在贡贝的那段时间，我见识了珍妮性格中的不同侧面。举例来说，我发现她非常有幽默感。一天下午，我们一队人争先恐后地试着用脚趾抓黄瓜吃。原来这是珍妮提议进行的一场比赛。她能用大脚趾和二脚趾夹着黄瓜片送到嘴里。她并不是营地里唯一有这种本领的人——但我自己离做到这一点还"差一脚"呢。

我和哈米斯去攀登乞力马扎罗山时，珍妮和她的未婚夫德雷克·布赖森邀请我们到她位于达累斯萨拉姆的家中做客。德雷克是坦桑尼亚国家公园的负责人。珍妮总是那么优雅。但这次，她是以主妇的身份来招待我们。这简直不可思议。她的家庭十分圆满。哈米斯同他们打交道时有点不自然，连我也有些紧张。当时，德雷克跟珍妮的关系刚刚开始。我不知道跟我们同处一室的德雷克会怎么看待我们。另外，珍妮的儿子格鲁伯也在那里。在场的还有托尼。他是贡贝营地狒狒研究项目的负责人，也是珍妮的得力助手。珍妮会不动声色地做出某些提议，让每个客人都感到很自在。例如，她对德雷克说："德雷克，约翰和哈米斯也许愿意跟你一块儿下船潜水。我猜他们会喜欢水下那些美丽的热带鱼。"她会把我们可能觉得特别有意思的活动介绍给我们。我们为此很是感激她。从那之后，珍妮一家人总让我有宾至如归之感，无论是在斯坦福大学、达累斯萨拉姆，还是在贡贝。

与珍妮家的成员更为熟悉之后，有一天，我开着汽船，载着珍妮

和德雷克从基戈马市返回贡贝营地。珍妮那时跟她的首任丈夫雨果已经和平分手。她对德雷克的喜爱正日益浓烈。两个人紧挨着坐在一块儿，手拉着手，品尝着梅子酒。他们很少说话，眼中带着梦一般的神色，微笑着，注视着对方。似乎只是这样就让他们感到十分满足。能如此贴近地见证他们的爱情是件有意思的事。看到珍妮如此幸福真是令人心生暖意。我能看出她为何会被德雷克所吸引。德雷克笑容温暖，气质和蔼，是一个真正的绅士。他红扑扑的英国式脸颊和明亮的蓝眼睛使他显得那么友善。更重要的是，他是个有决心、有毅力、有品格的人。

德雷克出生于中国，在英格兰受教育。1939 年，他加入了英国皇家空军，年仅十六岁，随即成为一名战斗机飞行员。三年之后，他的飞机在战斗中被击落，盆骨和双腿碎裂。医生断言他这辈子将再也无法行走。但出乎所有人意料，凭借坚强的意志和耐心，在拐杖的帮助下，他竟逐渐能缓慢步行了。

有件事淋漓尽致地展现了德雷克的浪漫情怀。有一天，他驾着一架小型飞机从达累斯萨拉姆的住处出发，越过珍妮在贡贝的房子，往坦噶尼喀湖里投下一个小包裹。珍妮不知道包裹里是什么。于是她游到湖里，把包裹取了回来。原来是德雷克特意包好的一束玫瑰。他真是个十足浪漫的人。

珍妮的这一点总是让我惊叹——不论是我在贡贝学习时，还是在后来的许多年里——在百忙之中，她依然会帮助我们，以及与朋友保持联络。有一阵子，珍妮要离开贡贝去斯坦福大学讲课。在此期间，她时不时地寄几封亲笔信给我，把她在斯坦福忙碌日程中遇到的乐事与挑战讲给我听。在一封深具意味的信中，她写道：

> 我要做的事太多了，而且越来越多。贡贝团队的会议，办公，研究助手与实习生会议，整理幻灯片和图片，整理笔记，与学生们交流，访问洛杉矶观看狒狒纪录片，讲座，等等！更别提我还要去看望黑猩猩巴布了。这是我要写信给你的另一个原因。

珍妮知道，自从我的老朋友巴布离开人类家庭，跟一大群黑猩猩生活在一起后，我一直记挂着他。尽管在加州珍妮有那么多事情要处理，她依然写信给我，好让我知晓巴布的近况。她就是这么好。她在信中继续说：

> 巴布状况很好。我去时，特意带了一部相机，想为你拍几张照片。遗憾的是，前一天他们（黑猩猩）多次试图逃跑。因此，为了修复园区，他们当天一整天都被关着。周二的晚上月色明亮，所有黑猩猩都在户外待了半夜。拉里（观察员）负责看守他们。不管怎么说，我总算见到了巴布跟"怕羞鬼"一块儿攀登，跟托普西一块儿玩耍，以及自己到处晃悠的样子——这实在令人高兴。

语言不足以描述在贡贝期间珍妮对我的巨大影响。而我只是被珍

妮的科学精神和人格所影响的千万人之一。她持久地影响了我看待世界的方式，使我能把世界看作不同物种、文化和一切生灵交织依存的共生体。正是通过珍妮，我才意识到地球是多么脆弱，一个物种的险境就是所有物种的险境。今天，大自然的相当一部分似乎都处于危险之中——一旦被人类毁灭，也许就将万劫不复。然而，贡贝的经历和珍妮本人对我最为深远的影响或许可以借用珍妮自传的标题来概括，那就是《点燃希望》。作为一名医生，我懂得希望能成为病患疗愈自身的强大动力——希望对我的行医方式有重大意义。像珍妮一样的导师让我看到了人类和世界的希望。不论我们每个人所处的环境如何，我们都需要希望来维持生存和应对生命中的挑战。

第九章

休假

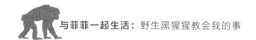

　　在贡贝待了六个月之后，我做田野工作时比之前放松多了，心里也踏实多了，与同事们相处得也颇为愉快。最重要的是，我对黑猩猩的行为也有了更深的理解。在我通过观察黑猩猩母婴获得的知识之外，最触动我的是黑猩猩表达情感的能力。成年黑猩猩之间的拥抱和亲吻，年幼的黑猩猩失去亲人时的抑郁悲伤，黑猩猩母亲与黑猩猩幼崽嬉戏时的欢乐，这些都让我感到，他们拥有的感情与我非常接近。科学教条教我们不要将黑猩猩视作人类，但在观察黑猩猩好几个月之后，我认为断言人类与黑猩猩在情感体验和表达上没有相似之处是不正确的。

　　后来，离开贡贝以后，我又读了很多黑猩猩研究的资料。我读到了罗格·福茨博士的记述。他教一只名叫瓦舒的黑猩猩学会了美国手语，让人们知道了黑猩猩能够体验和表达的情感深度。福茨博士提到一个年轻女人。她跟瓦舒一块儿学手语，但不得不因为意外流产而中断学习。后来，当她重回瓦舒身边时，瓦舒故意不理她。当这位女学员用手语向瓦舒解释她离开的原因时，瓦舒伸出一个手指贴在她眼睛下面——这是表示哭泣和难过的手语。在这种复杂的情形下，瓦舒居然表现出如此强烈的同情心，这让这位女学员深受震动。

　　我的假期越来越近，我的心情也变得激动难安。我开始思念远方的朋友和家人。但身处贡贝，没有了往年熟悉的冬季氛围，我并不觉得特别伤感，也提不起精神庆祝圣诞节。但是到十二月中旬时，一部分学生还是决定举行一些圣诞节-光明节①活动。于是，我们八个人在圣诞前夜交换手工礼物，在湖岸边散步，在湖里游泳，还搞了一次大型聚餐，当晚有红酒、布丁、蘑菇、奶酪和巧克力——这些奢侈的礼物是贡贝的一位医生去内罗毕休假时买回来的。

与亲密的贡贝营地成员一起庆祝节日让我很开心，但第二天的经历远比这更为欢愉。圣诞节一早，当我推开小茅屋的门时，我看到菲菲和弗洛伊德坐在离我只有十英尺的地方安静地嬉戏。我从来没在离我的小屋如此近的地方见过黑猩猩。菲菲轻轻地挠弗洛伊德、同他摔跤，弗洛伊德发出轻柔而满足的咕哝声。我忍不住想伸出手去抚摸他们，当然，我不能那么做。我走到更远一点的地方继续观察他们，心中感到十分庆幸。因为我居然能就这样悄无声息地走进黑猩猩的世界。这要感谢珍妮。四周鸟鸣阵阵，一种强烈的万物一体的感觉涌上我的心头——人类、森林、湖泊以及这些非凡的黑猩猩。那一刻，所有的思乡之情都一扫而光。温暖的阳光抚慰了我，这两只我心爱的黑猩猩捕获了我的心。

1974年的新年到来了。就在我以为我在贡贝的日子即将结束、为返回美国做准备时，营地方面问我能否留下来顶替一个有事提前离开的学生一阵子。我毫不犹豫地答应了。事实上，能在营地再多待一阵子，我开心极了。

这多出来的时间让我有了一次外出露营的机会。一天下午，我、托尼和另外三个研究员去光秃秃的裂谷山徒步。裂谷山是贡贝在东边

---

① 光明节为犹太人最重要的传统节日之一。一般从每年12月25日左右开始。

的边界。这次露营令人难忘。晚上，我们三个人并排睡在睡袋里，身下是光秃秃的地面，头顶是灿烂的星辰。一种强烈的隔离感始终围绕着我。东面，我们能听到村庄传来的声响，看到山谷里的点点火光；西面，我们能听到黑猩猩的啸声和狒狒的咕咕声。夜幕降临后，我们就只能听到风声了。我处于两个世界之间：一面是属于现代的人类世界，一面是远古的灵长类动物世界。一个世界日新月异，一个世界大概还保持着千百万年前的样子。很快，我就得离开我的黑猩猩亲戚们，重回我熟悉的那个世界。我需要调整自己。

第二天早上，我们返回营地，开始跟踪我们研究的黑猩猩和狒狒，体会我们与森林、与林中生灵的联系。过不了多久，这种联系对我来说将只是回忆，但无论走到哪里，在这里获得的知识都会伴随我。

到了二月，我已经成为贡贝营地最有经验的学生研究员之一。但我也该离开了。我离开得正是时候。因为珍妮不久后也会去美国。六个月之后，我将进入位于克利夫兰的医学院学习。我需要为这一转变做些准备。我知道，我真的该走了。

在贡贝逗留的最后几个星期里，我追踪黑猩猩时已经可以不用再像以往一样填写检查项目表。我可以像一个客人一样，轻松自在地出现在他们的世界。一天下午，我幸运地在附近的一处山谷中发现了菲菲的身影。这是我对她和弗洛伊德的最后一次跟踪观察。他们正和另外几只黑猩猩聚在一起吃成熟的马布拉果。

菲菲和弗洛伊德轻轻地从树梢爬下来，沿着溪岸，走到了山谷低处的一块地方。傍晚的阳光金澄澄、暖洋洋。我和朱玛一路跟着他们抵达一片树林。那里的树很结实，枝条柔韧，最适合搭窝不过了。整个山谷都回荡着黑猩猩们呼引同伴寻找筑窝之所的啸声。

菲菲为自己和弗洛伊德筑窝的时候，我看着夕阳一点点在刚果群山之后的大湖里沉落下去。等天空被霞光映得紫红色，菲菲也已经慢慢地滚进了自己筑好的窝，舒舒服服地四脚朝天躺着了。弗洛伊德惬意地贴着她温暖的肚子，吸吮着奶水。

我不由得回想起第一次在贡贝见到菲菲的情景。最触动我的是她黑亮的毛发、健壮的体格和敏捷的动作。看着她那墨绿色树叶映衬下的深黑色身躯，我对这位十五岁的黑猩猩母亲的生命力深感敬畏。这对黑猩猩母子在夜色中依偎在一起，我再也想不出比这温馨更亲密的景象，直到多年后我有了自己的家庭。

菲菲和弗洛伊德会在树上的窝里一直待到天光透亮。菲菲的哥哥斐刚，还有梅丽莎和葛姆林也在附近的树上过夜。他们离得很近，在声距范围内。树上的窝让他们安全又舒服，不会被夜游的动物和树下的蛇袭扰。这些猩猩很安适，我却蓦地感到一阵难过，我想到了将来我该有多么怀念贡贝。因为我知道，离开这片神奇的森林的那一刻，我的思念就会开始生长。那一刻，我知道我一定会回来。

最后一次徒步跟踪菲菲和她的家人时，我还知道，我将进入另一个生命阶段——我将待在屋子里，埋首于书堆中，远远地离开在贡贝同我相处了八个月的朋友们——这些朋友永远地改变了我的世界观。我会想念贡贝的一切朋友、一切事物。

按照惯例，贡贝营地的坦桑尼亚员工会为即将离开的人举办一场篝火欢送会。但我猜测，既然我多待了这么多天，对他们来说也就等

同于举办过欢送会了。但我错了。一天，我从湖里游泳回来，在更衣室换衣服时，一位坦桑尼亚田野助手对我说：

"约翰兄弟，你要走了，我们很难过。以后你一定还要再来。我们为你准备了篝火晚会，晚上见。"

没错，他们的确在湖岸上点起一个巨大的火堆。我们十八个人伴着刚果鼓跳舞，一直跳到我们无力再继续跳。我依然记得火光映照下那一张张流满汗水的笑脸。随后我们一块儿跳进了光线荡漾的湖里，洗了个悠长的澡。弥漫着同志情谊的欢送会多多少少缓解了我的离愁别绪。

终于，我要回自己的小屋了。在那里我将度过自己在森林中的最后一个夜晚。回到小屋之后，那种奇异的孤寂感又回来了。但我很疲惫。我唯一能做的就是在沉入梦乡前吹熄蜡烛。

我同贡贝的告别远非以往的惯例可比。德雷克一路陪着我，一直到了达累斯萨拉姆。在我当年那个年纪，没什么比能跟坦桑尼亚国家公园的园长一块儿旅行更酷、更重要的事了。我也意识到，德雷克跟我同一天离开贡贝营地并非偶然。珍妮可能早就安排好了这一切，好减少我一点旅途的负担。

"你准备好了吗？"我上船之后，德雷克问道。他当然知道我要离开了，但他真正要问的是："你心理上准备好离开贡贝了吗？"德雷克比我更细心。离开那一刻，我倒不觉得特别难过。我们的船离开贡贝大概两公里后，我才开始体会到发自心底的悲伤。我这人就是这样。

我们轮番乘船、小飞机、卡车，终于抵达了阿鲁沙（Arusha）

市。然后德雷克开车带我去游览一个名叫塔兰吉雷（Tarangire）的大型公园。德雷克透露说："这个新公园是我们部门一手创建的。"他的语气很自豪："再过几年，它一定会成为一个重要的旅游景点。"德雷克是对的。塔兰吉雷后来的确如他预言的那样成了一处重要景点。

终于，我们抵达了达累斯萨拉姆机场。我们在这里分别了。握手道别之后，我说："谢谢你来送我。"

"别忘了，那次是你开船把我和珍妮从基戈马送回贡贝的。因为你，我俩才享受了一段安心快乐的旅程。"他回答，脸上带着父亲般的笑容。

我也朝他笑了笑。我想起了那次在船上珍妮脸上甜蜜的微笑和德雷克对珍妮温煦的爱意。对一个年轻人来说，见证发生在两位长辈之间的恋情是件有意思的事。尽管珍妮和德雷克都对我表达了谢意，但后来我意识到，其实当时我也正在经历一段心路历程——它开始于我进入大学之初，在贡贝我成长得尤为迅速。我发现，与我关心在乎的人相处时，我才能做回自己，并获得他们无条件的认可和支持。如今我才明白，当时我体验到的是正在成形的自我价值感。能因自己的价值而获得认可，这种体验会带来生命的改观。这种体验将一直伴随我进入生命的下一阶段。

离开德雷克之后，我先是搭乘晚班飞机飞往阿姆斯特丹，再从那里转机去明尼阿波利斯。漫长的飞行让我有足够的时间沉淀思绪——我的成就感渐渐被一种感觉所替代，那就是对贡贝教会我那么多东西的人和黑猩猩的深深感激。飞机渐渐飞临双城，我从旅行包里取出了那件心爱的礼物。

那是一个坦桑尼亚木雕。我把它放在膝盖上，脑海中立刻浮现出"贡贝的珍妮"（而不是更为忙碌的"斯坦福珍妮"）三天前在湖边散步的情形。她把这件在达累斯萨拉姆买的礼物递给我，她的眼睛很亮，目光中却充满宁静。"你的护身符。它代表着医生。"珍妮对我说。这是件美丽的黑木雕，一个男人怀里抱着一个孩子。在机舱里，在昏暗的光线中，我仔细打量着它，我觉得它代表着关爱与宽慰的疗愈力量。事实上，注视着木雕就让我感到极为安心。

无论何时，每当我看到这个熟悉的木雕，我都会感受到贡贝的精神，回想起我们这批学生研究员兴致勃勃地探索世界和自身的那段时光。那时的我们正在为职业发展和其他重要抉择而挣扎；我们彼此依靠，正如木雕中被男人抱在怀里的孩子一样。

直到今天，我依然能从这个木雕中看到我自己。有时，我是医生；有时，我是被抱在怀里的孩子。不知道珍妮是否也会如此看待自己——拥有剑桥大学博士学位的她，在坦桑尼亚尼亚人眼中，在整个科学界，都是"珍妮博士"。或许，当她怀着满腔热情投身于研究贡贝黑猩猩、保护其栖息地的事业，却遭遇挫折时，也曾是一个需要倚靠的孩子。

在我离开贡贝之后的数十年里，珍妮不仅保护着贡贝的黑猩猩，还致力于全球黑猩猩的保护。

第二部分　我的行医之路

第十章

行医生涯的开始

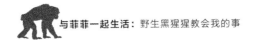
　　从贡贝研究中心归来后的三十五年里，我忙于读医学院、建立家庭，之后一直在西雅图团体健康医疗机构担任家庭医师。但我从没忘记贡贝的黑猩猩，始终想着再次回到贡贝。在艰难的日子里，对非洲的白日梦带给我许多慰藉。坦桑尼亚的记忆让我安心，给我启迪。在我的行医生涯中，我常常会想到菲菲，想到弗洛伊德，想到他们的关系。我始终与贡贝的黑猩猩同在，尽管他们离我足足有一万两千英里远。

　　在医学院读书的日子格外紧张。即便如此，我依然感到有必要抽出时间同别人分享我的独特经历。我希望这能鼓励更多人去体验野外生活，关注美国和世界各地的野生物种和环境保护。多年来，我在不同的高中、在医学院的聚会上，甚至在克利夫兰的自然历史博物馆多次借助幻灯片向大家介绍贡贝的黑猩猩。我不知道在经验丰富的博物馆馆长眼中，我对黑猩猩的叫声和奔跑的模仿是否合格，但最起码，打瞌睡的人会被我惊醒。有天早上，我在克利夫兰的一场晨间脱口秀上露了个面。当我回到医学院的课堂上时，我发现整个班上的同学都观看了那场秀。那是他们当天的第一节课！那天我成了班上的名人。时光流逝，与他人分享我的经历逐渐成了守住我脑中对黑猩猩的记忆的一种方式。如今，四十年之后，当我想到大猩猩时，我不仅会回忆起第一次看到菲菲用木棍钓白蚁的情景，还会想起克利夫兰的高中生看到弗洛伊德和葛姆林在树上嬉闹的影片时爆发出的笑声。

儿子的降生一方面为我带来了发自内心的欢乐，一方面也带来了育儿的压力。我的妻子温迪和我育有两个男孩，汤米和帕特里克。我的儿子们很幸运，我虽然对音乐和足球之外的体育活动很不在行，但温迪的聪慧足以弥补我在这些方面的不足。跟多数美国家庭一样，有了孩子之后，我们的生活变得异常忙碌。温迪在一所高中教生物，要应付的任务很多。作为家庭医生，我在工作日程之外也抽不出多少时间。很晚才能回家吃饭显然不是家庭生活的理想状态。我每天的工作时间都很长。有时，我一整夜都在协助别的医生接生。但在忙碌的工作和家庭生活中，想到贡贝的往事，我的精神依然会为之一振。

这些年里，我也常常会想到贡贝的黑猩猩和他们日渐缩减的栖息地未来的命运。我一直会重复一个噩梦。在梦里，我又回到了贡贝，却发现贡贝的森林大部分都被铺成了路，凯瑟克拉谷建起了现代化的房子，黑猩猩的领地被围上了围栏，只剩下小小的一块。从梦中惊醒后，这些恐怖的景象依然让我战栗不已，直到我意识到这不过是一场梦——至少现在还是梦。

从我行医的第一天起，我就在自己候诊室的墙上挂着非洲和贡贝黑猩猩的照片。这些照片能让我时时想起我在非洲的经历，也为病人提供了一个了解我的坦桑尼亚岁月的机会。在供所有首次就诊的病人选择医生的医生简历中，我特别列出了"有跨文化交际背景"和"能

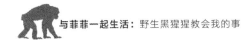

说斯瓦希里语"这两项。由于这些背景和我这些年的海外经历，我接待过很多非裔、亚裔、中南美洲裔和来自世界其他地区的患者。最近有个病人对我的护士说，在浏览了我的简历之后，他还以为我是非洲裔人士。这让我很是得意。

一个春日午后，在接诊的间歇，我走进办公室喘口气。"简直受不了了。"我对自己说。一方面我得遵守工作日程，另一方面，我又得为每个病人分配足够的时间，这让我疲惫不堪。满心沮丧的我抬眼朝窗外望去，对面的街上有一棵高大的枫树，阳光正在墨绿色的树叶间跃动。微风吹过，树叶间的斑斑光影也随之变换形状。我脑中忽然浮现出三岁的弗洛伊德在树枝间从容地荡秋千的样子，菲菲坐在近旁嚼着枝叶。

然后，我看到了自己。我坐在树下，默默思索着他们的亲密关系。我努力回想着这对母子之间的触碰、手势和笑声，心情渐渐放松下来。我又回忆起了梅丽莎和她的女儿葛姆林爬到同一棵树上同弗洛伊德和菲菲打招呼的情景。我依然朝窗外凝视着，阳光照进来，暖暖的。一种熟悉的欢愉安适之感又涌上我的心头。

"克洛克医生，您的下一位病人已经准备好了。还有两位病人在等着。"护士轻声提醒我，将我的思绪从森林里拉了回来。我转过头，重新走进被紫外线消毒灯映照着的灰蓝色走廊，朝候诊室走去。我觉得自己又一次逃进了森林，虽然时间是那么短，但已足以让我恢复精神。那一刻我才意识到我是多么想念贡贝和大自然。我希望自己不那么忙碌，我希望呼吸几口新鲜空气，我希望能以更自然的节奏去工作。

在我小时候，体验大自然可以说是我的第二天性。我的大部分闲暇时光都是在公园或邻家玩伴的后院里度过的。当我们做完作业或完成分配给我们的家务后，妈妈总会催着我们出去玩，直到吃饭时才会把我们叫回来。

在办公室的顿悟一刻让我意识到，走向大自然对我依然是件要紧事。我也开始接受这样的现实，那就是，能在工作的间歇畅想一下置身于贡贝森林的感觉，或走出屋外喝一杯咖啡，对现在的我来说已经足够。

对比之下，在贡贝附近的村庄，置身户外再正常不过。这种生活有其艰苦之处，但也有它的优点。那里的村民依然与大自然保持着最初的联系——这是人类种族在进化中保留的遗产之一。然而现代生活不计后果地抛弃了这一遗产。我自己的家庭就是如此。近些年来，家庭计算机和其他电子设备日益把我们困在室内。

帕特①七岁那年，我受邀作为监护人和执业医师参加一次到奥林匹亚半岛的校园远足活动。那次活动为期三天。这次活动的主要目的是探索大自然，因此学生们不允许携带任何电子设备。

途中，在汽车上，我儿子和他的朋友乔什一直在抱怨这项规定。"真不明白我为什么不能带自己的游戏机来。"乔什沮丧地说。我知道乔什在家就不爱活动。他和帕特都喜欢玩超级马里奥，而且玩游戏显然也是乔什的主要爱好。

但当我们抵达目的地之后，我们根本没时间去玩电子设备。穿越雨林时，乔什又变得热情焕发。他兴冲冲地去查看苔藓、香蕉虫和溪

---

① 帕特里克的昵称。

流中的小鱼。这一切我都看在眼里。虽没有电子游戏——但我依然能处处看到他们的笑脸，听到他们的笑声。没有了现代城市生活的喧嚣，我们在森林中更为自在。

现代科技会削弱人和人之间面对面的沟通与联系。尽管科技对医学研究和实践的进步有巨大贡献，但也有其负面影响。自从我所在的医疗机构八年前引入电子病历系统后，我每天对着电脑屏幕做诊疗的时间可能会达到四个小时，甚至更久。在这种状态下，我开始提醒自己——和我接诊的家庭——有必要平衡工作和生活，多创造机会去亲近自然。

我的病人差不多都向我描述过置身自然中的愉悦感和治愈感，不论在自家的庭院逗留、去山间远足，还是凝望暮色中的晚星。我有一个已经九十四岁高龄但依然健康的病人，他每周都要去喀斯喀特山沿着溪流和野花丛徒步。我相信这是他保持健康的原因。

从我自身的经验中，我能理解"回归野外"如今为何会成为一种潮流。我明白自己为何会渴望更多地与自然相处，更自由地活动自己的身体，花更多时间在户外感受时光的节奏，感受风、雨、月光和阳光。我们的基因在过去数百万年里没有多大变化。它们更适合户外生存，而不是我们目前规矩而静态的生活方式。我在非洲丛林里过的是一种以户外为主的生活。这让我理解了为何待在野外时，我总是觉得活力十足，自由自在。我总是鼓励我的病人利用一切机会体验野外生活。

我脑中还有另一幅图景：菲菲和弗洛伊德在森林中日复一日地游

荡，在母亲的陪伴和抚育之下，弗洛伊德茁壮地成长。这一图景对我的行医实践影响尤为深远。与我在医学院学到的生物化学方程式和心脏电生理学知识相比，菲菲的育儿本领给我留下的印象要深刻得多。前者当然也很重要，但不像我在贡贝的实践收获那么容易被想到，也不够人性化。

某天，在我接诊的时候，一位名叫艾伦的病人向我谈起了她的儿子。她的儿子叫萨姆，才两岁，那天来我这里做体检。小家伙瘦而结实，一头金发。他把候诊室桌上盖着的薄纸撕得粉碎。他的母亲一脸疲惫。当他爬上一把椅子，伸手去摸储物柜的门时，他的母亲从座位上站起身，一把把他推回了桌面上。他在桌子边沿晃荡了一下，又跳到了地板上，把奶酪片扔到地面上，用脚踩得粉碎。之后又伸手去拉诊察灯的可活动灯臂。

艾伦深深叹了一口气。她说："医生，太抱歉了。"

尽管当年我还没有孩子，我却不由自主地想到了萨姆这个年龄段的雄性黑猩猩的行为。萨姆很像菲菲三岁的儿子弗洛伊德。弗洛伊德常常会薅棕榈叶子，在半空中打秋千，跟葛姆林摔跤，把木棍扔到空中。当然，菲菲不会在意弗洛伊德扔在地上的凌乱树叶和断木棍。在弗洛伊德疯玩的时候，菲菲会和葛姆林的母亲梅丽莎坐在一起，静静地梳理彼此的毛发。遇到危险状况，比如当一只雄性狒狒接近时，菲菲会紧紧抓住弗洛伊德，带她离开。除此之外，不论弗洛伊德爬树、攀着树枝打秋千，还是追逐其他年龄相仿的黑猩猩，菲菲对儿子的好奇心似乎都坦然接受。

因为见识过弗洛伊德的胡闹，我能够坦然地倾听艾伦向我倾诉对生活的无力感。但直到我自己的大儿子两岁时，我才真正体会到她的感受。作为一名家庭医生，了解这些看似野性的本能是多么自然、了解这些本能何以产生，对我处理病人的行为问题有莫大帮助。哪怕只是观看《国家地理》纪录片中两只两三岁的黑猩猩嬉闹或在地上摔跤的场景，也有助于我们理解这种粗野的游戏方式对早期发育的促进作用。年幼的灵长类动物就是从这些游戏中学习如何适应群体生活及与同类交流的。

事实上，我忍不住会想，如果我们对孩子们活泼的探索方式采取过于压制的态度，可能会导致抑郁、焦虑甚至攻击倾向等一系列后续问题。多数人会逐渐学会控制自己的激烈情绪和攻击欲，但年幼的儿童还没有这种能力。尽管为孩子设定界限在人类早期发育的某些阶段十分重要——而且每个孩子的情况各不相同——但我从黑猩猩身上学到了充分释放孩子探索天性的重要意义。在初期发育阶段，孩子们靠自己的感官去了解事物。他们通过触摸、感觉、观看及对这些感觉的综合运用来探索真实和想象的世界。他们的大脑逐渐形成网络，这让他们在复杂的环境中得以茁壮成长。

尽管艾伦读过很多与育儿相关的书，在育儿方面也很开明，但我依然无法直接告诉她："你知道吗？你的儿子萨姆让我不禁想到了一只名叫弗洛伊德的黑猩猩！"相反，我只是根据我在贡贝对菲菲和弗洛伊德长达八个月的观察为她提供了一些建议，这些建议有助于她更为宽容地看待萨姆"野性"的一面。适用于黑猩猩的不一定适用于人类，但一些基本准则是人与黑猩猩共通的。我建议艾伦在家里为萨姆创造一个能让他自由探索的小天地。这个区域应该是安全的，怎么折腾也"毁不掉"。这一建议让艾伦有点动心。此外，我也对她说："你不妨把萨姆当成一个精力充沛、脑筋灵活的灵长类动物。他需要你时不时地管教，但同样需要探险和空间，这样他才能养成强壮而协调的身体。"

我跟幼龄的黑猩猩和人类儿童都打过交道，因此往往在两种不同的物种身上看到相似之处。就人类孩童而言，每一年都很重要，但早期成型阶段尤为重要。孩子与父母、祖父母、看护者的关系对他们有重要影响。我的儿子汤米五岁时，我玩足球时伤到了脊椎。接下来的两年里，我都没有足够的体力和精力跟他一起进行体育运动。更重要的是，我没有办法像过去那样陪他、与他互动了。尽管有妻子在这些事情上弥补我的不足，但当我回忆这段日子时，依然感到难过。因为我们的关系不像我受伤之前那么亲密了。

在黑猩猩的世界里，如果黑猩猩母亲受伤或生病了，通常没有人会替她承担育儿的职责。少数情况下，某个年龄较大的子女或与其并无血缘关系的少年或成年黑猩猩或许会为她提供帮助。这些黑猩猩或许也多少有一些抚育年幼黑猩猩的本事。葛姆林产下一对双胞胎"金子"和"闪光"之后，她的大女儿盖亚就曾帮助母亲照顾年幼的弟弟妹妹。

在我的行医生涯中，我见过一个年轻妈妈。她是结肠癌四期患者，还有四个年幼的孩子要照顾。在她生命的最后阶段，尽管忍受着癌症带给身体的剧痛和即将与丈夫、孩子永别的精神折磨，她依然是一位尽职的母亲。

"在照顾孩子方面，德布是一位了不起的母亲。即便当她卧病在床的时候也是如此。"她的丈夫对我说，"有时我觉得她比我坚强得多。她一边忍受着疼痛和恶心，一边还在照顾孩子。但她跟我说我才是比较坚强的那个，因为她走之后，我将成为一个单亲爸爸。"无论在黑猩猩中还是在人类中，身为母亲的使命感似乎能让这些了不起的妈妈战胜一切。

正如在人类世界中一样，在黑猩猩的世界里，漫长而无法自主的幼儿期对黑猩猩获得适应环境所需的交际和生存技巧十分重要。菲菲始终为自己的后代提供恰当的支持和充分的游戏空间，直至他们都成为异常出色的成年黑猩猩。我至今依然记得菲菲教弗洛伊德捕捉白蚁时是多么耐心。成功地钓到一大群美味的白蚁之后，菲菲本打算继续前进，但她还是留了下来，因为弗洛伊德还在拿小棍戳着白蚁堆。她想让弗洛伊德继续学习这种复杂的技巧。再过一两年，它就能自己熟练地捕捉这种高蛋白食物了。幸运的是，黑猩猩妈妈会一直将黑猩猩幼崽抚养到五岁左右。这能让她们有足够的时间与自己的幼崽亲密相处，亲自教会他们这些重要的捕食技巧。

斐洛与菲菲跟后代这种活泼而有趣的互动方式似乎对后代健全的社交能力颇有帮助。正如人类社会对教养与环境哪个作用更大存在很多争议一样，要判断黑猩猩的行为在多大程度上由基因决定，多大程度又是抚育的结果，也许会相当困难。但是对灵长类动物早期发育的研究表明，一些关键条件，如来自养育者的关爱与支持对个体后来的情感健康至少能起到部分作用。

斐洛抚育自己最后的两个孩子时，有点不上心。这或许是她年纪渐长，体力衰弱。这导致她最小的孩子弗林特依赖心理特别严重。斐洛的另一个孩子弗雷姆在出生不久后不幸夭折，之后，弗林特对斐洛更为依赖了。他似乎在心理上又退化到了弗雷姆的年纪，以便能够以弗雷姆的身份占据母亲的关爱。弗林特始终没有成为一个独立的个体。即便到了八岁大的年纪，他依然要和斐洛一起睡，要斐洛喂养他，由斐洛把他驮在背上行进。而由于斐洛懦弱的性格，从没有拒绝过弗林特的要求。斐洛死后三个月，弗林特也死去了。他在斐洛死后所表现出的抑郁和无助充分说明，黑猩猩母亲要培养出身心健康的后代，确实需要具备高超的育儿本领，而这种本领并不容易掌握。

即使身体已经衰弱，年老的菲菲和斐洛依然在独自抚养后代，而没有从别的黑猩猩那里寻求帮助。一般来说，黑猩猩母亲对自己的后代有很强的保护欲，她们拒绝由别的黑猩猩帮她们抚育子女。她们的生命结束时，斐洛留下的一个八岁的后代和菲菲留下的一个两岁的后代从心理和身体上依然依赖她们。失去了母亲，这两个幼崽也没能活下来。

在我的行医生涯中，我看到过父母们对孩子的不耐烦、忽视与过度控制。有时，从病人对家庭事件的描述中，我会想到某些育儿方式。但父母们的某些问题往往会让我不由自主地想到菲菲和梅丽莎在野外环境中取得的育儿成功。

我刚开始行医时，一位五岁孩子的母亲对我说："我的朋友告诉我，经常把孩子抱在怀里摇会惯坏他们。"我朝她看时，她把自己的孩子温柔地抱在怀中，眼中却满是忧色。我不禁回忆起自己对黑猩猩母亲们的观察。在长达四五年的时间里，她们从早到晚都与自己的幼崽保持着亲密的肢体接触。这种养育生长出的亲子情谊将会伴随其后代的一生。

于是，我对那位新手妈妈说："别担心。你与孩子的这些亲密时

光将会影响孩子一辈子。"她脸上绽放出笑容，低头去看自己怀里的孩子。我又接着说道："请享受你与孩子在一起的时光吧。抱着她、喂养她、晃动她、心安理得地享受亲密的亲子关系吧。别担心你会惯坏她——再多一年或几年都没关系！"

这位新手妈妈后来加入了她所在社区的一个妈妈互助团体。这对她帮助非常大。尤其是，这个团体里的其他妈妈也在经历着相似育儿的甜蜜与艰辛。黑猩猩妈妈会从日常活动中观察其他黑猩猩母亲的育儿行为，但人类妈妈往往需要以更为明确的方式寻求支持与获得信息。

有些来我诊所的父母在育儿方面倍感困难，原因可能是他们的生活面临压力——例如必须长时间外出工作，或有抑郁或焦虑等健康问题，要么就是他们自己就成长于父母酗酒或教养缺失的家庭，因而对如何育儿一无所知。过分疏忽或过分严格的教养方式似乎也会造成孩子的严重问题，因为在这样的情境下，孩子无法适应温暖和养育的缺席。

在社会结构、社会规范和家庭期待都相当复杂的现代社会中，我发现重视教养、耐心及主要看护者——不论承担看护责任的是爸爸、妈妈、阿姨还是保姆——与孩童之间的关系很有意义，因为这些因素在黑猩猩对下一代的抚育中占有重要位置。尽管西雅图与东非的育儿环境有很大差异，但我意识到，黑猩猩族群某些基本的育儿方式同样适用于人类早期教育。

一群黑猩猩在树上聚会，视察所处的山谷。摄影：约翰·克洛克，1973

失去了我们追踪的两头黑猩猩的踪迹之后，我的田野助手哈米斯·莫克诺引领我穿越山谷，返回营地。照片提供：约翰·克洛克，1974

哈米斯·莫克诺和我模仿黑猩猩爬上一棵高高的小树视察山谷。照片提供：约翰·克洛克，1974

上图：菲菲和弗罗多。版权所有© 珍妮·古道尔研究会 / 摄影：珍妮·古道尔，1976

下图：黑猩猩幼崽在贡贝的树林间荡秋千。摄影：格兰特·海德里希，1974

上图：裂谷山。它是东非大裂谷东部边境的一部分，也是附近的人类村庄与黑猩猩族群的一条分界线。黑猩猩从不会攀登到这处荒凉的地带，而是会待在下方草木丰茂的谷地里。他们栖居的谷地一直延伸到坦噶尼喀湖。当时，我们几个在贡贝考察的学生夜里就在照片中荒凉的山坡上宿营。摄影：格兰特·海德里希，1973

下图：梅丽莎抱着盖娅和基姆博。版权所有 © 珍妮·古道尔研究会 / 摄影：珍妮·古道尔，1978

我在一个废弃的黑猩猩巢中度过了一个危险的夜晚。这个巢是由当时尚在少年时期的葛布林搭建的。摄影：安东尼·柯林斯，1973

上图：在贡贝，一只年幼的狒狒在树上查看树叶。摄影：格兰特·海德里希，1974

右上图：格兰特·海德里希在湖边休息，他研究的一只黑猩猩坐在他旁边。照片提供：格兰特·海德里希，1974

右下图：在夕阳的余晖中，一个鱼贩从基戈马市返回自己的村庄。摄影：约翰·克洛克，1973

哈米斯·马塔马家族位于布贡戈村附近的屋子。摄影：约翰·克洛克，1973

第十一章

冥想森林：丛林生活对我行医生涯的启迪

如果病人对你信任到愿意向你袒露自己隐藏的恐惧，肯将自己生活最不为人知的一面展示给你，这对一名医生而言，将是何等的荣幸。多年来，我与病人的亲密联系一直赋予我活力和热情。每一位新病人都像小说的另一章。

得益于我过去研究雄性和雌性黑猩猩的经验，我往往会从进化的角度去理解病人的抑郁、焦虑和攻击行为。我会从由进化决定的生存机制入手，去思索每一位病人的行为和反应。这对我理解多动症、焦虑、情绪失控和由压力导致的病症（如长期头疼和肠道紊乱）及确定相应的诊疗方案有至关重要的意义。

对黑猩猩生命与死亡的观察同样有助于我成为一个专注的聆听者。和其他物种一样，我的病人也经历着同样的欢乐与忧伤，而我就是他们的见证人。从那些终于脱离了父母的严格控制、逐渐走向成年的年轻病人身上，我看到了葛布林和博姆的影子。在他们试图离开母亲独立生活之初，这两只黑猩猩同样出现过焦虑症状。例如，在这一时期，葛布林与雄性黑猩猩头领斐刚互动密切而他的母亲梅丽莎也会通过格外频繁的拥抱来缓解他的焦虑。这些无疑都说明，这只前青春期的黑猩猩内心正经历着剧烈的波动。弗洛伊德和葛姆林的欢笑跟我儿子和我候诊室那些年轻人的嬉笑逗闹并无太大不同。与黑猩猩打交道的经历使我能够去关注人类的基本需求——例如肢体接触带来的安全感、意义感、归属感等——并让我对这些需求的重要性有足够认识。我会放慢节奏，与病人保持接触，而不是快速解决问题了事。我凭直觉就知道每天来我候诊室的儿童和成年人生活中缺失什么，因为我始终记得在贡贝的森林中，哪些东西对成长中的健康黑猩猩最为重要。

有些黑猩猩和人始终深深地印在我的脑海里，提醒着我人类的基本需求、基本行为、基本社会结构与野生黑猩猩是多么相似。在我的行医生涯里，我不断地回顾着贡贝带给我的经验。在这一过程中，我记录了一些病患的个案。身为一名家庭医生，我的工作一直在持续向前演进。而这些个案记录能不断地为多年前贡贝的年轻研究员与现在的家庭医生之间的联系注入新的意义。

久美与集体归属

贡贝塑造了我对集体的认识；这一认识将伴我终生。共同生活和工作的集体环境让我懂得了什么叫"人人为我，我为人人"。在贡贝，我们轮流采购食品，受伤和生病时彼此照顾，外出探险时守护彼此的安全。人际联系无疑对个体的福祉有重要意义。在贡贝的这些经历让我对这种意义有了更深的了解。家庭医生的职业培训也包括评估每个患者的社会或心理状况对其某些症状或慢性病的影响。从非洲归来一年之后，在我执业行医之初，我便亲身体会到了这些联系是多么重要。

1975年夏天，凯斯西储大学医学院为我提供了一笔一千美元的奖学金。靠着这笔奖学金，我与其他三名医学生开展了一个跨文化研究项目。主题是研究美国不同种族的健康信仰和实践。我选择的研究对象是旧金山地区的日本裔美国人家庭。我对这些家庭的一代和二

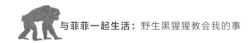

代成员进行了访谈，以了解他们所接收的传统医学观念和西方医学观念。

在我选择潜在访谈对象的过程中，我得到了一位佛教徒的帮助。我特别爱听来自这些家庭的成员讲述治疗不同疾病的传统偏方，例如胃不舒服喝芦荟汁，用艾灸治疗背疼，等等。很多家庭会把西医与他们成长过程中学到的自然疗法结合起来。

带着我的笔记本，我拜访了一处位于旧金山马林县的华宅。这所宅子坐落于日式庭园之中，周围翠竹环绕，流水潺潺。我轻轻叩击气派的大门，开门的是久美，我的研究对象。她得体地对我表示欢迎。我脱下鞋子，走进了一尘不染的客厅。我留意到室内布置得十分优美。久美的丈夫也是日裔美国人。这对夫妇没有孩子。久美约有三十四五岁，穿着随意而优雅。

久美是所谓的"一世"，即出生在日本的美国移民。在整个访谈过程中，我始终没机会向她提问我事先准备好的问题。相反，我一直在听久美用诚挚的语调向我娓娓诉说。远离日本亲人，在加州的社会关系也很有限，过去十年，她在美国的生活十分孤寂。

"处在这种背井离乡的境地，我的状态的确不是很好。"她坦承道。

久美是当地一处佛寺的信众。尽管如此，她依然觉得，如果她向别人抱怨自己缺朋少伴的孤独处境，别人肯定会皱眉头。因为她住着这么漂亮的房子，也没什么经济负担。她生活的主要重心就是打理自己的家，做一个好妻子。"我丈夫工作很忙。我人生的主要意义就是把家收拾好，为我们两人做饭，为丈夫提供情感上的支持。"

久美对我开诚布公地谈起了自己的人生。她在日本长大。上学时，她成绩很优秀，曾想着做一名医生。她跟家人的关系也很好。"我很喜欢我妈妈。每当表兄妹们来我家过节时，我都感到无比开心。想找人聊天时，我有两个关系很好的同学可以说心事。"

久美举止得体，但在日本跟亲朋好友相处时，她同样玩得很开心。移居美国之后，除了自己的丈夫，能为她提供支持的人都远在万里之外。她也不知道该如何在加利福尼亚的郊外重塑这些关系。

作为一个医学专业的学生，我可能不像其他有经验的职业医生那样令人畏惧，我认为这也是久美肯向我敞开心扉的原因。

当时我刚从非洲回来不久，久美的话让我有些难过。我回忆起了我在贡贝感受到的温暖和支持。在贡贝时，我同样远离家人。但我的生活充满意义，也有一群让我感到安心的朋友。我也想到了贡贝不同的村庄里，村民间的亲密情谊和他们的生活方式。在那样的环境中，人们是很难感到孤寂的。

我始终没有问久美为什么没有孩子，恐怕这会引发另一个不适合解答的问题。我偶然的拜访扰乱了她的心绪，这让我感到很抱歉。我建议她与当地佛教寺庙的僧侣联系。这可以为她提供一些精神上的支撑。或许这样一来，她也可以在寺庙里找点事做，找到可以倾诉的对象。我希望自己在这次访谈中扮演好了一个富有同情心的倾听者，至少能让久美小小地倾吐一下自己的某些感受。我比以往更加深刻地体会到了从多个角度评价个体的健康的重要性，以及亲密的家族或社群关系对个体的支持作用。

丹·比特纳的《蓝色地带》一书描述了居住在意大利海滨小岛、

日本冲绳、加州罗马林达等地的五个社群。这些社群中的成员都享有高寿，部分原因就在于社群成员之间的关系十分紧密。

直到今天，我都会想起久美。不知面对自己有限的选项，她是如何选择的。我也想知道，这些年里，她是否终于找到了与她的兴趣和文化背景一致的社交活动和社群。从久美的例子中我看到，孤独感已经成为她日常生活的心境。近年来，关于幸福对健康的影响已经有很多。这些研究表明，有种因素似乎特别有益于健康，它并非财富、社会地位或婚姻——而是稳固的人际关系。

卡尔与多动症

对黑猩猩生存策略的理解让我在后来的行医生涯中处理某些个案时变得更为专注——也更少忐忑。对卡尔的治疗就是一个典型例子。卡尔是一个八岁的男孩，患有注意缺陷多动障碍（ADHD），表现为无法集中精力，总是躁动不安。在与卡尔和他的妈妈会面时，我从进化的角度对他的状况进行了评估。

即使当我直接跟卡尔对话时，他也会不停地打量候诊室，身体动来动去。他不断地用手敲击着候诊桌的桌面，双腿忽而交叠，忽而分开，从某种程度上，仿佛是一只被关在笼子里的大猩猩。

很多患有注意力缺陷障碍（ADD）或注意缺陷多动障碍的儿童运动能力都非常好；还有很多此类儿童具有超高的耐力，智力也很发达。在某些领域（例如计算机技术）和需要集中注意力的活动上，他们往往能十分专注。但他们上课时无法坐在座位上安分地听课，因而在学校里倍感困难。于是他们的学习成绩和自尊心都会受挫。自尊心的受挫会导致儿童的自信心全面下降——出于对失败的惧怕，即便是他们往日得心应手的活动，现在也会让他们感到焦虑和恐慌。

我问卡尔的妈妈："当他一个人玩乐高时，他的注意力集中吗？"听到这个问题，卡尔和妈妈的神色同时焕发出光彩。

卡尔连连点头。她的妈妈说："天哪，说起来恐怕你都不信，卡尔对乐高简直太在行了！"她告诉我，卡尔在搭乐高积木时非常专注，他可以照着说明书搭出很多大而复杂的建筑。

搭建乐高积木对孩子的专注力、运动技巧和意志力有一定要求。从其他一些"游戏"中，我们也能发现孩子的天赋，尽管这些游戏看起来只是纯粹的娱乐。卡尔的某些强项无疑在玩乐高积木的过程中有所体现。我跟卡尔的母亲探讨了卡尔玩乐高积木会用到的某些素质，她从中发现了他的工程和艺术天分。在这类活动中，卡尔的天赋的确显露无遗。

她的母亲笑容满面地说："我还以为搭乐高不过就是游戏而已。"此前，她从未从卡尔的这项游戏中看出任何东西。现在卡尔和母亲都明白了它包含的重要意义。

我问卡尔："你在学校过得怎么样？"他耸了耸肩。他只想谈《超凡战队》和他的新玩具——一把"星球大战"光剑。跟我说着话，他忽然从桌子上跳下来，摆出一个战斗姿势，手里紧握着那把光剑。

我告诉他说："如果我在有鳄鱼出没的非洲丛林里旅行，一定会选你当我的向导。"听了这话，他更加活跃了，小胸脯挺得高高的。看得出来，他有与敌人战斗的体力和决心。他敏锐的目光和灵活的肢

体很善于察觉和应对危险。但卡尔并没有什么攻击行为。他只是需要不停地运动而已。他大脑的运作方式不允许他静静地待着——他的基因决定了这一点。现代社会的种种限制对他而言是严峻的挑战。

我不由得想，如果让黑猩猩弗罗多也来做个测试的话，他无疑也是个重度注意缺陷多动障碍患者。他具有很多注意缺陷多动障碍的典型症状，例如躁动、活跃性高、眼光游移、对社交活动中的微妙信号不敏感等等。然而他依然成功地融入了自己所属的集体。他是一个优秀的猎人，是自己族群的雄性首领。他用自己的攻击天性和对蛮力的偏爱去维护整个族群的利益。多数雄性黑猩猩只是在感到威胁时才会夸张地炫耀武力，但弗罗多除了睡觉之外，时时都表现出攻击性。他的身体硕大结实，攻击特质与生俱来。他的捕猎堪称完美，差点扭断珍妮的脖子；此外，他还曾偷走过一个坦桑尼亚母亲的孩子。

尽管标准的学校环境让他感到难以适应，但卡尔拥有这样的基因是有原因的。进化论能为卡尔的临床症状提供某些启示。我对他体力和智力水平的表扬增强了他的信心。这转而赢得了卡尔和他母亲对我的信任。

为了帮助卡尔在学校集中注意力，需要给他服用"利他林"。这有助于他适应某些自己并不习惯的情境，减少他不合适的动作，降低他的沮丧感，使他在校园里能正常生活并取得成功。尽管使用这类药物时必须十分小心，但药物的确能通过激活特定的大脑神经通路，让他获得在教室里上课所需的注意力。如果一个孩子的确需要药物干预，如果这些药物能正常发挥作用，那么他或她就能够适应学校的学业与人际要求。对环境的适应和良好的自我感觉将会让孩子更为积极地审视自己。这样一来，他们便能成为更幸福的人。

对那些患有注意缺陷多动障碍的孩子，我总是格外关注。多年的行医生涯让我越来越认识到他们其实是多么聪慧。他们大脑的运作方式导致了他注意力的缺失，但另一方面，这也赋予了他们很多正面的特质。但这些特质往往不为人注意，因为我们只看到他们身上的缺陷。躁动不安的孩子常常充满创造力，但大人只会关注他们躁动的一面。在浏览描述注意缺陷多动障碍患者具有的正面特质的文献时，我一再看到富有创造力、主动性较强、直觉敏锐、擅长发散思维等字眼。治疗这些孩子时，我会教导他们的家长关注孩子的优势，因为这有助于提升孩子的自尊心，甚至也有益于增强他们与老师和同学的互动能力。

在黑猩猩的世界里，雄性黑猩猩的攻击行为和类似于弗罗多所表现出的那类注意缺陷多动障碍行为对于族群的生存有重要意义。尽管如今人类种族对合作和智力的依赖胜过对暴力的依赖，但我们依然可能具备如弗罗多那样的生物特质——对我们而言并不实用的特质。一旦我们理解了这些特质的意义，我们就能以积极的方式运用它们。我们可以通过合适的方式释放这些原始的、出于本能的行为和反应。体育、荒野探索、科学调研等都是释放我们的攻击性和躁动情绪的出口。

桑德拉、黑猩猩和人类的意义感

对黑猩猩的观察让我确信，意义感存在于他们的基因中——这可能体现在抚育幼崽、巡逻族群领地的边境线等行为上，甚至可能只是

单纯地觅食。对人类来说，这种意义感或许与我们内心深处对做一个有用的人、获得尊重和成就感的渴求有关。

我遇到的抑郁症或焦虑症患者背后都有复杂的症状成因。这通常会涉及家族抑郁史或童年期的不愉快经历，但我考察他们的病因时，同样会考虑到他们对生活意义的追求。我知道，我们会因达成自己设定的目标而获得成就感，这是我们的天性。如果一个人失去了这种意义感，抑郁和焦虑便会随之而来。有时，病人甚至意识不到自己所追寻的意义已经发生了改变。他们不会有意识地把自己的抑郁与意义感的缺失联系起来。

有些退休之后依然过得十分开心的医生会同别人谈起自己退休后的活动。这可以是照顾孙子孙女、在老年活动中心当志愿者，也可以是做兼职赚外快。在适应衰老的过程中，这些活动能提升退休者的自我价值，赋予他们的生活更多意义。一般来说，面对岁月的流逝和自身状况的改变，积极投入生活的退休者态度更为坦然，他们不会有孤寂或被遗弃之感。

与之相对，我同样也见过不少退休后陷入抑郁和焦虑之中的男性和女性患者。退休让他们突然失去了建立在事业上的身份感。尽管退休的人有大把的时间放松和享受生活，原有的强烈意义感的缺席依然称得上是一种重大改变。正如一位六十八岁的老人对我说的那样："我从没想过有一天我会如此怀念工作。"

对生活在野外环境中的黑猩猩而言，意义始终存在。黑猩猩永远没有"退休"。寻找食物，赶走狒狒或陌生族群的黑猩猩，每晚精心搭建过夜的窝，抚养黑猩猩幼崽——年届四十的黑猩猩母亲依然可能产崽——这些都是黑猩猩肩负的义务，但也许正是因为这些义务，每只黑猩猩都能体会到意义感。

作为一名医生，我对意义感对于病患健康体验的意义有切身体会。一天早上，我走进候诊室。候诊室里坐着我的病人桑德拉，一脸郁郁寡欢的样子。她有两个年幼的儿子，丈夫经常出差。

桑德拉对我坦承："我想我在抑郁中挣扎已经有一阵子了。我不知道这究竟是为什么——我的生活一切顺利。你或许会觉得我丈夫马克在家时我会好受一点，但事实上有他在，我感觉反而更糟糕。"

她继续解释道，当她丈夫外出出差时，她会换上自己的跑鞋，并会尽力把一切收拾得井井有条。丈夫不在家时，她要处理的事更多，压力更大，但正因为这样，才有某种释放压力的途径。做家务及专心处理多出来的事情能分散或减轻她的抑郁情绪。丈夫不在的时候，桑德拉反而拥有更多意义感。但她的抑郁始终甩不掉。让自己忙得不可开交虽然能为她带来片刻宁静，但一旦牵涉到意义感之外的东西，忙碌就无法从根本上解决她的问题了。

我建议桑德拉跟心理医生谈谈，好弄清楚自己抑郁的根源。我对她说："你首先得满足自己的心理需求，才能应付好你忙碌的生活。"我认为她内心的某些冲突可能与她丈夫有关。所以丈夫不在家的时候，她反而会轻松一点。她需要处理这些冲突。而心理医生也许能引导她认识到这种可能性。

再一次见到桑德拉的时候，她对我说："谢谢你把我介绍给那位心理医生。我们谈过了。我意识到了我的冲突来自哪里。一方面，我想像我妈妈那样成为一名教师，另一方面，我又想照顾好孩子。"与我上次在候诊室见到她时相比，她看起来精神多了。那位心理医生说，桑德拉需要弄清楚自己生活的意义所在，找到自己真正想做的事。此外，她同样需要知道实现这种意义会对自己的丈夫和孩子造成什么影响。

桑德拉确定了自己生命的意义之后，最终也找到了实现这些意义的方式，同时也没有耽误自己的其他义务。她开始去夜校上课，为教书做准备。在照顾丈夫和孩子的需求的同时，她也设法满足了自己的需求。她打算等孩子们入学之后，就开始自己的教书生涯。在人生规划的下一个阶段，她将成为一个边带孩子边工作的妈妈。当她谈论自己的规划时，脸上焕发着激动的神采。她的生命终于有了新的目标和意义。

我接诊的病人中，抑郁症患者占比相当高。于是我决定向珍妮请教一下野生黑猩猩患抑郁症的情况。我在贡贝研究黑猩猩时，并未在他们身上看到抑郁症状。听到我的问题，珍妮思索了几秒之后回答道："不论是哪个族群的野生黑猩猩，遗传性质的抑郁基因都会在进化过程中被排除在族群基因谱之外。"郁郁寡欢、离群独居、无精打采、缺乏胃口等典型的抑郁症症状会影响黑猩猩在野外生存的能力。但另一方面，贡贝的黑猩猩也确实表现出了情境性抑郁症状，在年幼丧母的黑猩猩身上尤为明显。

例如，弗林特在母亲死后就陷入了深深的抑郁之中。但除开与死亡相关的个案，我们在贡贝并未观察到长期被抑郁情绪困扰的黑猩猩。一般来说，在适于其生长的野外环境中，黑猩猩都能以积极的心态去完成我们所说的"生存使命"。

对某些人类成员来说，生存意义的缺失带来的是巨大的茫然，并会导致焦虑、抑郁、药物滥用，或三者俱全。此外，自身欲望的冲突也会造成焦虑和抑郁。现代人类社会充满各种不确定因素，我们面临的机会比黑猩猩多得多，与黑猩猩相比，我们试图明确自身角色和愿望的需求也更为迫切。黑猩猩的生活则似乎有明确的意义和动机。至少对成年黑猩猩而言，他们多数清醒时间都在为生存而努力。

弗兰西丝与艾迪：生命的变幻

我学生时代在贡贝实习的那段日子自然不乏灵性时刻，我与黑猩猩在野外共处时也屡有顿悟。当年，我抵达贡贝四个月后的一天，我发现近旁的黑猩猩在不停地尖叫——他们刚刚对疣猴大开杀戒。我的心因恐惧而怦怦直跳，幸好，陪伴我的是一名经验丰富的田野助手，我对黑猩猩攻击行为的理解也在加深，这让我紧张的心情得以平复。整个森林宛如一间教室，其他的研究员态度十分亲切，在他们的帮助下，我慢慢认识到了同事情谊的重要意义。这一点对我的影响是终身的。在我的行医生涯中，我也时时从中受益。它长久地激励着我与自己的病人建立深刻而长期的关系。

我与弗兰西丝的关系更是异乎寻常地牢固。她如今已经七十五岁，在过去的二十五年里一直是我的病人。她为保护华盛顿州美丽的自然风光付出过大量时间和金钱。我对这位坦诚、风趣而优雅的环保活动家充满敬佩。

有一天，我走进候诊室，弗兰西丝坐在那里。见到我的那一刻，她突然泪流满面。她一直都是个身心健壮、性格沉静的英雄式人物。

我未见过她如此脆弱的一面。"对不起。"她一边说，一边掏出纸巾擦泪。

我摇了摇头，对她说："别担心。你怎么了，弗兰西丝？"

"艾迪的阿尔兹海默症正在迅速恶化。"她哽咽着对我说出了她的事。弗兰西丝很难过，她感到自己正在失去共度了五十年岁月的丈夫。好不容易把这件事讲给我听之后，她又抽泣了好几分钟。然后抬起头，带着一丝苦笑对我说："该死的，生活有时真不容易啊！"

我知道，尽管当时的她心里很痛苦，但依然不想放弃希望。她有着坚毅的灵魂。退休之后，她一直在修桥补路、筹集善款，为保护地球母亲而奔走。这种精神显然有助于挽留她与丈夫的关系。她经历过很多环保斗争，昂扬的斗志依然在她身上闪烁着光芒。我认为她不屈不挠的品格十分可贵。

我跟弗兰西丝相交多年，又都是热爱大自然的人，因此，我并没有立即跟她说起阿尔兹海默症的详情，也没有谈及药物对某些失智病人有限的疗效。相反，我们坐在一起，聊起了人生。我小小的候诊室的墙上装饰着我过去探索历险的照片。我在弗兰西丝近旁坐下，听她回忆与艾迪相处的早年岁月。我们在谈话中一起重温着她过去与丈夫经历的某些片段，一起感受着她的哀伤。我们谈到了她跟艾迪头一次相遇的情形：

"那天下着大雨，我登上了一辆公交车。为了不让头被淋湿，我戴着一顶无比傻气的旧帽子。"弗兰西丝回忆着，眼睛闪闪发亮，"当时艾迪二十七岁，非常帅气。他望着我说：'这么经典的帽子你是从哪儿弄来的？'我把帽子摘下来时，帽檐上的积水全都淋到了他的膝盖上。我们同时大笑了起来。其他乘客肯定认为我们是一对好朋友。我们的确很快就成了好朋友。我们的婚姻让我们的友谊持续了超过四十五年，我希望我们还能再多做几年朋友。"

这次谈话与医学无关，也不是什么诊疗讨论。这只是情感与精神的交流，就像我在贡贝有过的交流那样。在贡贝，我见证过生命的来临与消逝、季节的变幻、太阳的升起与沉落，比在任何其他地方多。我与弗兰西丝这种深入的交流固然是因为她是我相识多年的老朋友，但我觉得，如果有共同的感受和热爱大自然的心灵，即便在两个素不相识的人之间，这样的交流也是可能的。

心理学家指出，当某个人向别人倾诉自己心中的痛苦和难过时，大部分人会试图平复诉说者的伤痛。但很多时候，正在经历着感情折磨的人需要的只是有个人倾听和陪伴。我们试图"平复"别人伤痛的努力并不一定能为对方带去抚慰。生命中有些伤痛是根本无法平复的。失落就是失落，难过就是难过。作为人类，这些都是生命中不可避免的一部分。当我们试图对承受不幸者表达自己的抚慰和理解时，挑战其实在于"陪伴"对方。一旦当我们尝试去"让事情变好一点"，便等于我们不再陪伴对方——我们已经从对方的境地抽身而退。在弗兰西丝的例子中，我知道我可以稍晚一点再讨论针对艾迪的治疗方案，事实上我也是这么做的。在那个时候，她需要的只是有个人听她诉说。研究黑猩猩的时候，很大一部分时间仅仅是躲在旁边观察他们。或许是因为这种训练，对我而言，在为病人进行切实治疗之前先静静地观察和倾听他们已经成为我根深蒂固的习惯。

艾迪的病情逐渐变得越来越严重，但弗兰西丝展现出了惊人的耐性。她加入了一个阿尔兹海默病人关爱小组，也拥有来自自己所属社区的援助，这些都成了她保持情绪稳定的支撑。她接收了这样的现实：尽管她依然爱着艾迪，但他的疾病已经永远改变了他们的交流方式。现在我们见面时，我们谈论更多的是她，而不是艾迪，似乎弗兰西丝已经进入了生命之旅的另一季。

罗伯特：大自然对焦虑的疗愈

在我三十年的行医生涯中，我见过一些病人，他们几乎每天都在焦虑中度过。在贡贝的经历让我明白，焦虑有其积极的一面，但长期的焦虑是有害的。一只为了族群安全而巡逻领地边境的黑猩猩如果心情总是放松，巡逻就可能不合格；但如果始终怀着战斗的紧张心情，同样撑不了多长时间。族群中层级较高的黑猩猩会在必要时通过炫耀武力或快速敲击空心树桩等方式宣泄自己积累的精力和焦虑情绪。这里，我的丛林经验又一次启迪了我的行医方式。

罗伯特是一个三十来岁的单身病人。他在一家海事公司做全职。他喜欢自己的工作和社会关系，但日益感到焦虑。我们分析了集中可能的原因，却无法弄清楚为何他会变得比以往更焦虑。

很快，他最平常的生活也受到了焦虑的影响。有次我们会面时，罗伯特显得十分紧张。他跟我说话时，竟哽咽起来："我现在连车也不想开了，因为我害怕自己会出事。"

我的脑中不由得浮现起黑猩猩萨坦、斐刚和埃弗雷德沿着领地的南部边界巡逻的情境。他们的动作总是十分活跃，这似乎是由于紧张，但这看上去也是一种发泄方式。他们通过剧烈的扭摆和各种肢体动作来消耗体内自然积累的肾上腺素。攻击行为和朝前猛冲也是黑猩猩释放荷尔蒙的方式。

随后我的脑中又浮现出罗伯特坐在自己车里的情景：他心情焦虑，肌肉紧张，忧心忡忡，瘫软无力。除了痛苦地叹几口气，调整一下汽车座位之外，他再也没有别的办法来宣泄自己的紧张情绪。他体内的肾上腺素很可能正在被动地沿着血管循环，随之产生的副产物和皮质醇也不断积累，这让罗伯特感到很不舒服，最终陷入疲惫。如果他能够冲下山坡，爬到高高的树上，或高声吼叫，声音足以让数百码之外的人听到，他或许会好受一点。

有些药物可以有效地缓解长期的焦虑症状。一般来说，这些药物相当安全，也不会成瘾。其中也包括一些通过提高神经传导物质血清素水平来消除抑郁的药物。但是罗伯特不想服药。因此我们设计了一个高强度训练计划。计划的内容之一是每天坚持慢跑。可以每天只锻炼十五分钟，但二十到三十分钟则更好。我没有建议罗伯特像黑猩猩那样爬树或掷空煤油桶。

我有时会教焦虑症患者一些他们能自己运用的减压技巧。我教罗伯特的减压技巧包括缓慢均匀地呼吸，同时想象自己置身于一片温暖的沙滩上或某个他喜欢的场所。这些内观技巧数百年来被用于冥想和祈祷中，它们同样可被用于安定自己的情绪。病人往往会发现这类练习能让他们获得宁静之感。他们随后还能把这种平和宁静迁移到生活的其他方面。到后来，他们往往只需进行一次快速内观或做几次深呼吸，就能够进入放松状态。

在我的指导下，罗伯特很快就通过调息练习放松了下来。他闭上双眼，身子更深地陷进了椅子中。他的胳膊和双腿一动不动，看上去如此松弛。我于是不再和他说话，只让他就这样静静地待着。有时，在放松练习中病人会直接沉睡过去，直到几分钟后才会醒来。当我请罗伯特慢慢地睁开眼睛时，他脸上带着微笑，什么也没有说。我问道："能描述一下让你恢复平静的地方吗？"

他看着我，扬了扬眉毛，说道："我没有想象自己置身于温暖的沙滩上。那是我爷爷农场里的一处苹果园，在华盛顿州东部。我的祖父母总是会抽出时间来陪我。每次我去看望他们时，他们都会跟我在苹果园里一块儿散步。他们喜欢给我讲故事，也喜欢我把自己的生活讲给他们听。我什么都可以跟他们讲。跟他们在一起时，我总是感到很安心。有时，即使他们不在身旁，我独自走在苹果园里，也感到同样安心。"

"哇！"我赞叹道，"听起来真是个不错的地方！"

我想到了自己关于非洲丛林的白日梦。罗伯特跟祖父母在苹果园漫步时体会到的安全感，我也同样熟悉。他的苹果园就是我的贡贝。我们每个人心中都有一个特别的地方，让我们在遇到困境时，可以栖身暂避。当生活的重负压得我们喘不过气来时，如果我们能找到这个地方，就拥有了一个庇护所。这样的地方往往是在户外，往往有着温暖踏实的回忆。

罗伯特所受的培训能让他出色地完成自己的专业工作，他却不懂如何调适自己敏锐警觉的天性。黑猩猩为彼此梳理毛发时，会有意识地去触碰对方；经历过情绪波动之后，会彼此拥抱。这些行为能让他们迅速恢复平静。他们终日在森林中游荡，这同样有助于消耗他们过剩的精力、释放他在群体生活中积累的紧张情绪。而在快节奏的当代生活中，人类可能很长时间都不会触碰同类、呼吸新鲜空气或活动肢体——除了操纵电子设备的手。与朋友或同事之间的冲突可能会在我们心中积压很久。有时，我忍不住会想，我们的大脑复杂到让我们造出了计算机、登上了月球，但同样会把我们驱入消极的情绪之中。

作为人类，我们的下一个目标或许应该是懂得如何更有效地营造平和的心境及愉快的人际关系，并让它们成为我们一生的滋养。这也是我后来热衷于研究灵长类动物的早期发育的原因之一。我希望透过对童年期需求的分析，发现有助于增进成年后持久的内心宁静和自信的因素。我行医的每一年都更为深刻地认识到个体的基因结构如何影响其情志。举例来说，一个更外向、更不敏感的人也许同样能出色地完成罗伯特的工作，却不会感受到他那种令人窒息的焦虑，也不用像他那样，需要专门去学习情绪调适技巧才能让自己过得更快乐、更安心。

露丝、玛吉、斯考特、法本和蜂夫人：
人类和黑猩猩对环境的灵活适应

我在大学里学的是心理学，后来又实际观察过黑猩猩对艰难条件的适应方式，因此，我常常会思考一个问题：人类和灵长类动物是如何学习适应与自己的基因和心理相抵触的环境的？有时，我甚至会设想我的某些朋友或病人在与现在完全不同的时空中将如何生活——例如在尼泊尔的小山村、1800 年左右的意大利北部，或是古代的非洲丛林。我觉得以他们的个性，或许生活在另外的时代更为合适。就说卡尔吧，如果生活在上个世纪，他肯定会是个明星般的人物。他可以用自己拥有的机械设计天赋在农场找份事做，或是照看牲畜，这一定能让他的人生充满意义。他一定会成为人们赞美而非批评的对象。忧心忡忡的罗伯特在中世纪或许是一个优秀的守卫，在城堡的围墙上巡逻，警惕地防范着入侵者。除了我的某些病人和贡贝的黑猩猩之外，我的祖母也以她对环境的灵活适应给了我很多启迪。

我的祖母露丝活了一百零六岁。她生前被各种美丽的小饰品和光彩夺目的珠宝所环绕。她戴的围巾花样繁复，为了搭配自己华美的衣饰。她一直梦想着能有一个气派的都铎式房子，像她丈夫设计的那样，高高地俯视着自己居住的城市。然而我祖父在波兰的房子很小，位于一条熙熙攘攘的街道上。祖父的办公室跟前屋相连，属于整栋房子中的低层。更高一点的屋层作为公寓租出去了。我的祖母露丝把餐厅和主层的大房间当成了自己的领地。壁炉上安放着中国式陶瓷灯笼，地上铺着东方风格的地毯，连窗帘都是精致的绸缎制成的。这一切都让人恍如置身于奢华的宫殿之中。她营造了一个富丽堂皇的空间，以释放自己的艺术天性。这是她适应自己平凡环境的方式。

祖母还买过一件金箔制成的饰品。它非常精致，金光灿烂。这件饰品不知怎么从她的房子里被转移到了我童年时的家中。我和兄弟姐妹做游戏时常常会拿着它玩耍。后来，每当看到它，我总会想起祖母露丝奢华的起居室——那代表着她的幻想——但更重要的是，这件饰品同样也成了我自己幻想和白日梦的一部分，因为我常常会想象它原本属于某个王子或王后。想象与它有关的不同故事为我逃避家里的冲突和无聊的课堂提供了一个出口。直到今天，当我回忆起这一物件时，生命中那段富有想象力的日子立刻会重回心间。在我当年的白日梦里，我不是在乘着魔毯飞翔，就是在幻想着万圣节的奇装异服。

我行医时，遇到过一位名叫玛吉的病人。她同样会借助幻想应付日常生活。我刚认识玛吉的时候，她给我的印象是一个不爱说话、漠不关心、无精打采的少女。她似乎只穿黑色的衣服。

后来我问起她在读什么书。那本书的封面上绘着张开双翅的巨龙、尖尖的城堡和波浪起伏的海边悬崖。她脸上绽出一个明媚的笑容，说道："有了它，我才不会发疯。"阅读这类后哈利·波特风格的作品占用了她很多时间。

对玛吉来说，幻想-冒险故事是她的兴趣所在。但玛吉也是一个非常聪慧敏感的女孩。她坦白地告诉我，她家里快节奏的生活让她难以适应。她的父母亲都是生意人，即使在家里，各项活动也安排得很紧凑。玛吉不明白为什么要这么紧张。她希望有更多的时间能让她轻松地做自己。父母希望她考高分、成为游泳高手；他们还鼓励她参加学生会副主席竞选，好为自己积累一些"管理经验"。玛吉却喜欢为校刊写稿，同自己略有神经质的朋友们来往。这让她感到兴味盎然。她觉得依着自己的个性和特长，最适合她的莫过于一个安定而有趣的环境。通过阅读幻想小说，她能为自己的创造力找到一个有意义的出口。这有助于她平衡外部世界对她的期望。

作为医生，我也有幸见识到身体受到严重损害的个体对环境的成功适应。我的病人斯考特二十来岁时，乘坐的小卡车撞上了另一辆汽车。当时他坐在小卡车的后车斗里。这场事故导致他四肢瘫痪。如今，事故发生四十二年后，与妻子和领养子女生活在一起的斯考特依然劲头十足。尽管他需要别人照顾起居，健康状况也不怎么好，但他对生活的态度依然令人赞叹。他根深蒂固的乐观主义和笑对生活的态度对他帮助很大。跟我交流时，他始终会从积极的一面看问题，即便他因高烧而颤抖不止或面临截肢时依然如此。在截肢手术之前，他对我说："反正丢掉一条腿也不会影响我在轮椅上跳舞。过去二十年我一直都是这么做的。"尽管未来的生活充满未知，但斯考特和其他病人克服艰难继续前行的精神总是让我肃然起敬。

在贡贝，我同样见到过两只成功克服身体缺陷并生存下来的黑猩猩。蜂夫人和法本都因小儿麻痹症而只能使用一条胳膊。在野外环境中，这似乎是无法克服的障碍。然而，法本竟学会了直立行走，从而适应了这一缺陷；而蜂夫人也单靠一条胳膊将自己所有的后代抚养长大。在黑猩猩的世界里，一旦童年期结束后，个体就要独立生活，这是由黑猩猩社群的生存方式决定的。因此，观察这类身体受损的黑猩猩独立存活是十分震撼的体验。

我们做父母的都会下很大力气培养孩子的适应能力。但我们无法控制孩子的性情或天赋，而这可能会让我们的努力大打折扣。羞怯敏感的孩子或成人适应环境的方式自然与外向型的人不同。对黑猩猩而言，野外生存环境无疑对其心理素质构成了严峻的考验。丧母就是其中之一。弗林特在八岁时就夭折了，成了贡贝超过六岁的黑猩猩幼崽中唯一因丧母而去世的黑猩猩。他依赖顺从的天性或许是他对母亲斐洛心理上过于依附的原因。相比之下，其他的黑猩猩则更为独立。即便失去了自己的母亲，他们也能依靠"代理母亲"渡过难关。

我相信，个体早期与父母亲一方或双方建立的信任关系可能会有助于其成年后与他人形成亲密关系。但我也发现，我的某些病人尽管童年环境很严酷，但依然能顺利地适应生活的挑战。这些病人之所以会如此，也许受基因影响。这又要说到天性和教养对发育的意义了。

无论何时，当我想到人类或黑猩猩卓越的适应能力时，我首先会记起我的祖母露丝。她那件金光闪闪的饰品早就找不到了，但它永远留在我的记忆里。想到它，我的脑海中便会浮现出自己为波兰玫瑰节少年游行队设计花车的情景，浮现出祖母的身影——她正忙着打造一个富有异国情调的衣柜，要么就是正用她从旧货商店或庭院市场买来的宝贝打扮自己原本朴素的家。

但最重要的，我会想起祖母的口头禅："感谢老天爷让我这辈子丰富又长寿。"当我的生活遇到挑战时，我便会有意识地去回忆"感谢"这个词。我希望我的儿子们能用自己的方式去积极地适应生活的考验，我希望菲菲的重孙辈后代也是如此。他们都有慈爱的长辈，我希望这一事实能有助于他们更好地适应生命。

我本人的故事

这些年来，我对医生这一职业的兴趣和热忱也来自与其他很多病人建立的情谊。除了实际行医之外，我往往也需要坐在电脑前浏览实验室数据和疗养所提交的申请，以及为制药部门重新配置处方。这些工作尽管是必要的，却相对无聊。我与病人的交流是对这些工作的一种补偿。过去在贡贝森林中观察黑猩猩时，我从未感到过厌倦。从某种意义上说，这对我是种提醒，提醒我曾与数以千计的病人打过交道。这为我的工作提供了源源不绝的热情和喜悦。

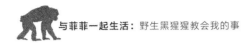

我的大儿子汤米对东方宗教和冥想很有兴趣。他曾向我指出，在候诊室中接诊之所以会带给我莫大的满足感，可能是因为我与病人互动时全身心"临场"。面对病人时，我脑中不会想着下一场咨询或接诊活动，也不会因准备工作不足而懊悔。每一次与病人相对时，我都会全神贯注。我需要了解的信息很多，这不允许我分心。在我形成诊断结论、思索要采取的治疗方案及考虑相关的心理-社会因素时，我必须认真倾听病人的病史和症状。这时的我就像一个侦探，从纷繁的信息中搜集有用的线索。有些人将这种精神高度集中称为"进入状态"。是的，我进入了状态，全部心思都放在病人身上——正如我当年在贡贝观察大猩猩时的状态一样。

身为医生，除了能深度参与病人的生活之外，我还有另一项优势。行医的经验告诉我，对病人有益的，对医生本人往往也同样有益。我刚开始行医时，每周我都要在当天工作的最后定期为一位名叫贾克的病人做治疗。他是一名受惊恐症和深度抑郁折磨的大学足球队队员。他的病症使他在学业和体育上都表现不佳。我会为贾克开一些不会成瘾的药物，帮助他正常地应付自己的日常生活。此外我也教给他一些放松和减压的技巧，目的是让他控制并最终消除自己的恐慌感。对他的治疗往往开始于我忙碌了一整天之后，一直持续到过了晚餐时分才结束（那时我还单身）。但那段日子我的感觉反而好于平时，这可能得益于我们共同联系的放松技巧。

我在同一家诊疗中心当了数十年的医生。我治疗过的病人中有些会把他们的孩子交给我治疗，这让我有种成为"医生爷爷"的感觉。我很幸福——我的职业和我的家庭就是我的生命——但当我进入行医生涯的第二十八个年头，我感到了重新与自己过去的丛林经验建立切实联系、再次观看和体验贡贝森林生活的必要。我渴望再次见到贡贝的黑猩猩。我的工作虽然让我充实，但也累人；家庭生活富有乐趣，但也颇让人费心劳神。尽管现实生活似乎不容我脱身，但我已经不能再等。

第三部分　重返贡贝

第十二章

贡贝的召唤

　　遗憾的是，我离开贡贝后并没有与哈米斯保持联络。头一年里，我和他用斯瓦希里语通过两三封信，后来我没有再回信给他。这让我有点难过，但我的生活很忙碌，而隔着这么遥远的距离，要维持一份友谊似乎也不容易——尤其是用斯瓦希里语。但我常常会想到哈米斯，不知道他后来过得如何。不知多少次，我匆匆订好了重回贡贝的计划——有次连机票都买了——但由于各种各样的原因，最终都未能成行。

　　终于，在三十六年的行医和养家生涯之后，我重返贡贝的梦想总算成真了。那是在 2009 年，那年我五十八岁。我开始写文章回忆贡贝。就连我的家人也看得出来，当我在电脑旁坐下打字时，对非洲的回忆总能让我心潮澎湃、心情欢愉。

　　我的大儿子汤米永远能为我出主意。原本我只是幻想着能重回贡贝，是他更进一步提醒我说："爸爸，你可以回坦桑尼亚完成你的书呀！"

　　二十岁的汤米已经有了青年人的模样。他差不多已经完全甩掉了少年人对父母盛气凌人的架势。他像我一样，有点腼腆；但与我不同的是，他很会踢足球，高中时还在学校的音乐活动上表演过。那时他刚从一所位于西雅图的大型多元化高中毕业，还在努力适应大学生活。他就读的科尔盖特大学坐落于多雪的北纽约州的一个小镇上。

　　我的头脑空白了几秒钟，然后才转向他。我说道："真是个好主意！你想跟我一起去吗？"

出乎我的意料，汤米看起来无动于衷。当我提议说他可以跟我一起去非洲时，他有点不情愿。我原本以为，他会兴奋得跳起来——毕竟，哪个年轻人不愿冒险呢？为了说服他跟我一块儿去，我费尽了心思；我对他说我俩可以一起观看黑猩猩筑窝、一起徒步去布贡戈村，希望这样能鼓动他。我满心想把贡贝介绍给我的儿子。我自己二十来岁、正处于汤米这个年纪时，就曾在贡贝当过学生研究员。

但汤米依然不愿去。他有自己的原因。我也意识到我不愿给他压力。硬逼对方跟你一道展开梦幻之旅没什么意思。而且这对他也不公平。尽管在这之后，汤米对去非洲依然很谨慎，也没表现出什么兴趣，但又过了三个星期，当我坐在电脑前时，他走过来对我说："好吧，爸爸，我跟你一块儿去非洲。我想去。"

我的小儿子当时只有十岁。如果他有这个机会，一定会高兴得不得了。因为他已经能很熟练地模仿黑猩猩的叫声了。我在他的学校做讲座时，他还做过示范。但黑猩猩更容易攻击体形较小的人类。而贡贝营地也有严格规定，不允许十五岁以下的青少年参观。

准备旅行计划时，我发现当地的航班和向导很不可靠。我联系过的航空公司和向导往往没有回音。我也不知道我能否再联系到当年我认识的人，能不能再接触当年我研究过的黑猩猩。

首先我们要从西雅图飞到坦桑尼亚的阿鲁沙去参观辽阔的恩戈罗恩戈罗自然保护区。然后我们会飞去坦桑尼亚最大的城市达累斯萨拉姆。在那儿我们或许能见到珍妮，因为她也要在那里过夜。之后我们还要再朝西飞上八百英里，抵达基戈马市，从那里搭乘轮渡去贡贝。

一般来说，我对旅行相当随意。但对这次旅行我做了详尽的规划。我想最大限度地利用这段只有两周半的假期。这对我和儿子的父子关系也意义重大。尽管当时我们并不知道我们会在坦桑尼亚各地看到什么、做些什么，但最重要的是，我们将一起体验这次朝圣之旅。

我们动身前那段时间，我想到了我们跟踪黑猩猩可能会遇到的危险。据珍妮说，自从我 1974 年离开之后，贡贝发生过几起黑猩猩伤人事件。这让我不由得考虑我们遭到黑猩猩恶意攻击的可能性——尽管概率很低，但并非没有先例。我们会带上一切必要的药物，但我依然担心我们会感染疟疾或其他疾病，毕竟，贡贝离现代化区域是那么遥远。多年前第一次去贡贝时，我还是个无牵无挂的学生。但现在我对自己孩子多了一份责任，特别是在涉及健康的问题上。这次再去贡贝，我已经是一个父亲了。我将以身为人父的角色体验旅行中的一切。

在内心深处，我也意识到我可能会失望。贡贝给了我生命中某些最深刻的体验，但我不确定现在的贡贝是否依然能让我有家一般的感觉。我不认识要接待我的员工；贡贝的景物可能已经改变。我在二十世纪七十年代研究过的那些黑猩猩如今已是暮年。如果如今的贡贝已经不再是我记忆中的贡贝，我将作何反应？最后，我也不禁担心，我的儿子汤米对贡贝并没有什么感情，也许他更希望和朋友们一起待在家里。我希望我的儿子和我一样喜欢贡贝，但这也由不得我——汤米有他自己的体验。

抛开所有这些顾虑，不用说，我心里是希望汤米跟我一道去贡贝的。跟我的儿子一起返回贡贝对我而言非常特别。汤米代表着下一代人，代表着未来主宰自然界的男男女女。在我心里有一个执着的声音："你必须带他去！"

汤米也有自己担心的事。我们上了飞往非洲的飞机之后，他对我坦白道："爸爸，我不知道我能在丛林里走多远去看黑猩猩。我怕毒蛇——黑色的曼巴蛇。"我转过头去看他的脸庞。他的神色十分复杂：有恐惧，有讨好，或许还有一点羞愧。

他继续说："我听说我们要去徒步的贡贝山谷里，到处有黑色曼巴蛇游荡，它们就跟在黑猩猩后面。"他对黑色曼巴蛇怕得要死。我忽然意识到，我儿子当初之所以不愿意跟我来，并不是因为对要跟我一块儿待几个星期这件事感到尴尬，而是由于真正的焦虑和恐惧。

我试着以我一直宣扬的方式——倾听和耐心——来应对。汤米说完之后，我说道："你可以选择不去看黑猩猩，只游览贡贝别的地方。那些地方也特别美，特别有意思。"只不过不如黑猩猩有意思。我在心里默默地说，心情有点失落。但我不能强迫汤米去感受我的感受。我又想了想。我不想无视他的担忧，但也不想纵容他的恐惧。因此我又补充道："我们抵达营地之前，你还有机会把你的恐惧想得更清楚一点。"

这个"机会"比我们两人预想的更快。我们抵达非洲的第一站是阿鲁沙。离开阿鲁沙之前，一块写着"蛇园"的公园招牌勾起了我们的好奇心。我们犹豫了一下，还是决定去逛逛这个公园。当我们走到黑色曼巴蛇的展区时，汤米停下了脚步。我们曾读到过，黑色曼巴蛇追逐猎物时时速高达十四英里，头和躯干的前三分之一都高高昂起于地面之上。它是非洲最长的毒蛇，平均长度为八英尺，有些甚至长达十四英尺。黑色曼巴蛇的毒液中包含神经毒素，被它袭击后，除非立即注射解毒剂，否则致死率接近百分之百。它又叫作"七步蛇"——意思是一旦被咬，只有七步可走——黑色曼巴蛇的猎物包括鸟类、老鼠、小鸡和丛林婴猴。它主要的天敌是猫鼬。它偶尔也会袭击误入其领地或惊吓到它的人类。

我走向下一个展区之后，汤米依然留在曼巴蛇展柜前。他眼睛紧紧贴在展柜玻璃上，与眼镜蛇对视着。这种对视持续了好几分钟。那天晚些时候，汤米骄傲地对我说："我想到一个让自己不那么害怕眼镜蛇的方法。今天，我把自己想象成了一个蛇武士。在它咬到我之前，我已经用简陋的武器击中它了。"得益于自己脑中充满力量、意志坚定的自我形象，几天之后汤米走进丛林时，对黑色曼巴蛇已经不再怕得要死了。他与曼巴蛇在安全环境中的相遇增进了他对于未知场景下与其相遇的想象。他对曼巴蛇也有了更深的了解，这让他变得更为镇定。

当年我在贡贝时，年纪跟汤米差不多。那时的我过于天真，还不懂得置身曼巴蛇附近有多么危险。又或者，那时我太自信，因为贡贝营地中还从未有人被曼巴蛇袭击过。如今，汤米已不那么害怕曼巴蛇了，但以前未曾觉察的恐惧涌上我的心头。我不得不从多个方面思考这一问题，那就是，驱使我自己——和我儿子——回到这片令人迷恋但又充满未知、有时还很危险的土地的，究竟是什么？

第十三章

与珍妮重聚

照我的计划，我打算从一个较为自然的环境开始我们的这次非洲之旅，而不是从达累斯萨拉姆这样的大都市。这主要是为了汤米。我们的飞机在阿鲁沙降落后，我们花了一天时间参观恩戈罗恩戈罗自然保护区。这个保护区有超过两万五千种野生动物在游荡。这个保护区位于火山口地带，靠近东非大裂谷中名为"奥杜瓦伊峡谷"的险峻深谷。正是在这里，路易斯·利基和玛丽·利基夫妇发现了两百万年前的原始人化石，珍妮·古道尔也曾在这里与里奇夫妇并肩工作——这是她来到非洲后的第一份工作。

我们注视着火山口，我不由得想：这真是个浪漫的地方。美丽异常的金合欢树、有着鲜艳羽毛的鸟儿、狮子和斑马来往成群的辽阔草原，这一切简直都不像真的。在住处度过的头天晚上，我们听到了水牛走过屋外的蹄声，看到了大象从火山口缓缓走出的景象。这让汤米很开心。

第二天，我们抵达了达累斯萨拉姆。不出所料，达累斯萨拉姆与戈罗恩戈罗自然保护区截然不同。我们在离珍妮的住处不远的地方订了家旅馆。从机场打车到那里足足要三个小时。我们一路穿过高峰时段拥堵的街道。路上有很多笨重的大卡车，突突地冒着黑烟。将废气排入潮湿的空气之中。路上的行人似乎得不停地躲避机动车。等我们终于抵达旅馆时，我发现我的脖子已经僵硬得像一块木板。尽管我们已经如此努力，但我们还是有很大的可能无法与珍妮会面。如果是这样，我们只得在旅馆里过上一夜，第二天就离开。我非常希望这次

"回家之旅"能与珍妮见上一面，但又不愿抱太高的期望，因为珍妮事先已经警告过我，她的日程可能随时有变。那年的七月，她要穿越整个坦桑尼亚，也因此我们才有一个小小的见面机会。

汤米和我到了旅馆后，我们总算松了一口气。迎接我们的是苏格兰人托尼。他是贡贝营地狒狒研究项目的负责人，也是我当年在贡贝的老同事。哇！我的体内涌过一阵暖流，他温和的笑容和熟悉的举止瞬间又把我带回了贡贝。在他身边，我总是感到那么安心。见面之后便是一个又一个拥抱和笑容。汤米也很高兴见到他。托尼说汤米跟我在贡贝营地时特别像。我们三个开车去拜访珍妮。珍妮的房子在城市的北部。我们的车驶过狭窄的未铺装路面，路边有很多泥砖房和小市场。将近十点时，我们才到珍妮的住处。过去这些年，珍妮到我家做客过好几次，但这次同她见面，我依然极为紧张。

珍妮简陋的小木屋坐落于印度洋海岸上，四周被芒果树所环绕。与我最后一次拜访它时相比，它并没有太大变化。我们一道走向这栋小木屋，沙滩的咸腥气息、开花的芒果树和闪烁的蜡烛一下子又把我拉回了三十六年前。那时，哈米斯和我去攀登乞力马扎罗山的途中也曾在这里停留。

我们意识到珍妮此刻也许在沉思，也许在同别人谈着话。因此，我们蹑手蹑脚地穿过屋门，走向厨房。厨房里传来说话声。我探头去看时，发现厨房有三个人。我并不认识他们。因此我们走向客厅。珍妮正在围起来的餐厅里跟一些朋友和员工谈话。看到珍妮时，汤米朝我点了点头。我们慢慢朝珍妮走去。

珍妮穿着一件毛衣和一件休闲棉质裤子。看到我们，她并没有停下谈话，但微笑着朝我们示意。我留意到，走向珍妮时我有点颤抖。她在原本围成一圈的人群中打开一个口子，用异乎寻常温柔的声调宣布道："约翰和他的儿子汤米也要加入我们。"她给了我一个欢迎的拥抱，我吻了她的双颊。

"真高兴见到你，珍妮，特别是能在坦桑尼亚见到你。"我激动地说。

珍妮对汤米说："你能跟你的父亲一道返回贡贝，这真是太好了。"汤米尽管看起来很激动，但表现得很得体。

这次与珍妮、格鲁伯、托尼及其他三位坦桑尼亚珍妮·古道尔协会工作人员的重聚持续了两个小时。我们围坐在一张大木桌旁，一边喝着威士忌，一边分享彼此的故事和记忆，畅谈这些年来各自的生活。海风吹拂着屋内的屏风，屋里灯光很暗，我不禁又回想起1973年在贡贝度过的那些傍晚：我、托尼和其他研究者在一天结束时坐在坦噶尼喀湖岸边聊天。我不知道汤米对我们的故事能理解多少，但他听得很认真，看上去也非常放松。这也是他这辈子头一次喝威士忌。

我们的话题转向贡贝的黑猩猩。托尼向我们描述了"金子"和"闪光"这对黑猩猩双胞胎成长历程中的大事件。这对成长状况良好的黑猩猩是葛姆林的后代。我在贡贝时曾对葛姆林进行过八个月的研究。

托尼向我们讲述了"金子"和"闪光"最近的一次冒险："金子"和"闪光"正在树顶上摘水果，这时，突然一大团白蚁从他们身旁飞过。于是他们就站在摇摇晃晃的树枝上，伸出爪子从空中去抓这些美味可口的虫子，大口大口地吞下。看上去就像他们在朝这个世界挥手一样。他们精彩的空中杂技被摄影师捕捉了下来。

托尼挥舞着胳膊为我们表演这一幕，模仿着黑猩猩吃东西的样子。珍妮被他逗得非常开心，一边笑一边拍手掌。珍妮不顾旅途的劳累，一直在跟我们谈话。似乎没有什么能阻挡她享受这个傍晚。她尤其爱听来自贡贝的最新消息。

珍妮转头问汤米："你读大学对什么感兴趣？"

我儿子解释说："我不打算学医。我特别喜欢哲学。"然后他带着几分自豪说："我很喜欢当宿舍辅导员。"珍妮认真地听他说话，用明亮的双眸注视着他。

那一刻，我希望我能与我儿子更像一点——像他那样真实和自然。汤米不会为该说什么而纠结，他只想做真实的自己。他完全专注于当下，而我在快乐的时候也会担忧，总是希望一切都能顺利——似乎顺不顺利由我决定。我回忆起我父亲在社交场合展现"父亲的责任"的情景，为了获得控制感，他在这些场合会对我发号施令。现在我也在做同样的事，至少是在我的头脑里。快停下。我对自己说。向你的儿子学习吧。这个傍晚该是什么样，就让它顺其自然成为什么样吧。保持耐心。保持专注。

珍妮谈起了她记忆中汤米小时候的样子。过去这些年她在不同的时候见过汤米。她同样也谈起了我的小儿子帕特里克。她笑着说："我还记得我去西雅图时跟帕特里克的枕头大战。他过得怎么样？温迪呢？他们不能过来真是太遗憾了。"

我很感谢珍妮对我家人的问候，也很感谢她依然记得我们过去经历的细节。随着话题转向屋里的其他人，我渐渐放松了下来。也许是威士忌起了作用，但我也意识到，无论珍妮、汤米或我之后说了什么，其实已经不重要了。重要的是我们在一起。我们共聚一堂，看着夜色一点点流逝。倾听着外面的海浪声，回忆着共同经历的岁月，我们彼此之间有种单纯而默契的喜悦。汤米、珍妮和我又一次相聚了，这一次是在非洲，这时我们的年龄分别是二十岁、五十八岁和七十五岁。事实上，几年前的一个四月，我为珍妮送上生日祝福时，她调皮地说："我永远比你大十七岁。"但对我而言，她永远是超脱于年龄的。

我很喜欢同珍妮的儿子谈话。他现在也已经当父亲了。人们还是更愿意地叫他的昵称格鲁伯，而不是他更正式的名字"雨果·埃里克·路易斯"。自从离开贡贝之后，我再也没有见过他。那时他才七岁。同珍妮重聚的那天晚上，我看到他静静地坐在人群附近的一张椅子上，我走过来时，他脸上露出微笑。他从容而友善，神情颇为怡然自得。他已经四十三岁了，但他粗朴的荷兰-英格兰混血面孔和良好的体格让他看起来更为年轻。

我开始同他聊起1973年我在贡贝同他度过的一天。"我俩在湖边的时候，你告诉我，某处灌木丛里的豆荚被太阳晒热时会突然爆开，把里面的种子弹出老远。我还记得你说：'趁豆荚已经干燥但还没有裂开的时候，把它们放到太阳底下去。'之后，你抓住我的手，把我领到一块大石头前面。那块大石头最适合放豆荚不过了。"我原本以为他肯定已经想不起我说的那天了，事实上他却接着向我描述了更多细节。

"我记得我们还一块儿在湖边的浅水里观察水生物。"他说。

"啊，是的！"我不禁叫了出来。我清晰地记得他一头扎进湖里的情景，也记得我们在水下的探索。

我们的话题转向格鲁伯对打鱼和考古的爱好。他对我说："我希望去探索坦桑尼亚东南部的坦达古鲁层（Tendaguru Beds）。"

事实上，他和珍妮第二天六点就要出发，跟一个德国摄制组一道制作一部以该地区为主题的纪录片。坦达古鲁层有很多侏罗纪晚期的恐龙化石，这些化石距今有 1.5 亿年。一位德国采矿工程师 1906 年发现了这一地层。这个地区同样也是很多大象、狮子和水牛的家园。在坦桑尼亚的其他地区，在野生动物公园里才能看到这些动物。为了保护这一地区，珍妮建立了一个基金会，在与当地人合作保护野生动物的同时，又能为他们提供一定的经济援助。

格鲁伯说，他不知道自己二三十岁时以捕捞鱼类和龙虾为业是不是正确的选择，因为这与珍妮致力于保护一切形式的生命的努力是相违背的。他说："从事渔业也许是不对的。但在当时，这是我最熟悉也最喜欢的行业。"

毫无疑问，从格鲁伯的眼睛和神情中，我能看到珍妮和雨果·范·拉威克的影子。格鲁伯眼睛的颜色和形状都遗传了父亲，眼神却有着母亲的友善。我很好奇他如何看待自己作为传奇的雨果·范·拉威克-古道尔家族唯一传人的身份。我试着去想象十年后他的职业——也许他会从事考古、海洋绘图或非洲动物保护。我预感到他会以自己的方式对坦桑尼亚做出重要贡献。他那些美丽的孩子的母亲是坦桑尼亚人。格鲁伯一直生活在坦桑尼亚。最近他正在达累斯萨拉姆附近设计和建造一艘用于打鱼和其他用途的特殊船只。

不知不觉已是午夜，我注意到珍妮看起来更加疲惫了，因此我决定告辞。她与其他人聊得很愉快，出于她良好的教养，她也许会待到很晚。但我不想再占用她宝贵的时间了。珍妮把托尼、汤米和我送到门口。从她的笑容中，我可以肯定她很高兴今晚能与我们这些贡贝的老朋友相聚。像以往同珍妮共度的时光一样，这次与她分别时，我同样感到，自己对世界更有希望，也更有自信了。

回旅馆之后，我们就该为第二天早上去基戈马市的旅程收拾东西了。在回旅馆的路上，我瞟了一眼汤米。我心里想，他跟我很像。我意识到三十六年是那么长，又是那么短——像汤米那么大时，我遇到了珍妮；现在我又来拜访她。时光飞逝。岁月的流逝让我不禁有些伤感，但看到我的儿子已经长成了一个体贴的年轻人，我又感到一种温柔的满足。

我们去贡贝时，汤米刚读完大二。从某种意义上说，这趟旅程的时间刚刚好。他似乎很喜欢更有深度的交流、更专注于当下，而我则有点焦躁，承受着应付职业和家庭需求的压力。在我费心劳力地规划下一站的旅行时，汤米则在学着享受旅途时光。汤米研习过的东方宗教和哲学也许让他在精神层面更为通达，而我的工作日程则让我更偏重具体任务。我们共同的旅行为我提供了一个审视这种差异的机会，也让我能够设法寻找重新面对自我生命的路径。我早年的很多时光都是在坦桑尼亚度过的，再次置身此地或许更能触动我内心的思绪。

在这趟旅行中，我发现了一些与汤米相处的新方式。我不再为自己只说得上来五名 NBA 球员的名字或连绿湾包装工队的四分卫是谁都不知道而担心。一种新的父子关系逐渐在我们之间形成。我从汤米身上学到的东西正如他从我这里学到的一样多——即便不是更多。从他那里，我领会到了精神生活的重要意义，而他也见证了我凭借勤奋和乐观走出生活困境的努力。有天晚上，我们在旅馆取出行李时，汤米对我说："你总是巧妙地提醒我要保持房间整洁。如今你的提醒总算有了回报——我现在也更愿意让房间更有条理了。"对我来说，这太暖心了。

我同样也注意到，在我们旅途交流的过程中，汤米更愿意听我讲我过去的奋斗经历，而不是我取得的成就。与此同时，他也向我透露了他内心深处的不安——他这么做并不是为了从我这里获得建议，只是想同我分享他的感受。他用平静而从容的语调对我说："以往在家里的时候，如果我把让自己感到焦虑的事说出来，你和妈妈往往会烦躁不安。但我发现这次我们一块儿旅行的时候，你不再像在家里那样了。多数时间你只是在倾听。这让我更愿意把自己的想法分享给你。"那一刻我体会到了发自内心的喜悦。汤米五岁时，我在体育活动中受了重伤，给我以后的运动造成了妨碍，也影响了我和汤米的父子关系。再以后，他便进入了自负的青春期。此刻我感到我们一度中断的亲密父子关系又回来了。如果不是这次一道旅行，这也许就不会发生。这趟旅行不仅是与黑猩猩、珍妮和贡贝的重逢，同样也让我修复了与自己长子的关系。这对我而言是意料之外的收获。

第十四章

重回贡贝

汤米和我搭乘一架螺旋桨飞机从达累斯萨拉姆飞往基戈马市。在飞机上，想到贡贝这些年可能发生的变化，我满心忧虑。我不会见到菲菲了，因为她已经于六年前去世。但我还有机会再见到弗洛伊德，或许还有葛姆林。他们曾是我的研究对象，当年才两岁，如今他们已经步入三十多岁的暮年了。菲菲去世时，我着实感到难过。我对这只充满慈爱的黑猩猩非常熟悉。我知道她的后代弗洛伊德和弗罗多依然活着。对于菲菲带给弗洛伊德和弗罗多的影响，我充满好奇。

从达累斯萨拉姆到基戈马市的航程有八百英里。飞机飞到乞力马扎罗山附近时，汤米指着山峰对我说："爸爸，我以前看过《国家地理》杂志上的图片，我觉得乞力马扎罗山顶上的雪应该比现在实际看到的多很多呢！"

我透过窗户去看时，不由得发出一声惊呼："我的天哪！"

与我三十六年前攀登乞力马扎罗山时相比，现在山峰上的雪减少的程度让人不安。现在我们从科学家对乞力马扎罗山顶冰盖的研究中得知，自2000年以来，一块体积较大的冰原已经缩小了一半。导致冰原缩小的原因除了气候变化之外，山脚下的毁林活动可能也是原因之一。按照目前的消融速度，到2018年，乞力马扎罗山顶将不再有雪！

我们乘坐的飞机继续向前，越过塞伦盖蒂——这块辽阔的草原为神奇的动物大迁徙提供了场所——飞向坐落于坦噶尼喀湖畔的基戈马市。飞机在机场降落时，汤米笑了起来。机场只有一条短短的跑道，长满杂草，尘土飞扬，建筑也十分简陋。

走下飞机后，我突然感到一阵恐惧。尽管三周之前我已经通过邮件把我们的安排告知了贡贝营地的负责人，但我并没有收到回复。我们的电话在这里用不上。我们谁也不认识。下一步该怎么办？我们别无选择，只有跟着其他乘客走过布满红棕色尘土的通道。绝对出乎我们意料的是，在出口处我们看到一个体格健壮、相貌堂堂的人举着一块牌子站在那里，上面用大大的字体写着"克洛克"。他是贡贝营地的负责人拉梅克。我看了看汤米，他知道我一路都在担心。我们脸上都露出了笑容，加快脚步朝这位"救星"走去。虽然我的斯瓦希里语讲得不错，但拉梅克的英语好极了。他平易近人的风度和脸上始终洋溢的微笑让我们知道，我们会受到很好的照顾。他开了一辆属于营地的卡车来接我们。那车非常皮实。我们把行李放好后便钻进了车里。拉梅克把我们带到了他家里，他的妻子为我们准备了午饭。品尝着坦桑尼亚风格的鸡肉和木薯午餐，用英语同主人谈着话，在温馨惬意的家里放松身心，我很快便体会到了宾至如归的感觉。

之后，负责我们在贡贝的行程的拉梅克开车把我们送到了一处小小的湖滩边上。贡贝营地的几位管理员在等着我们。拉梅克、开船的师傅和我们剩下的几个人搭乘一条蓝色的木船，开始了在辽阔的坦噶尼喀湖北部长达三个小时的航行。这艘船属于贡贝营地。温暖惬意的微风扑面而来，一路上我们都在跟营地管理员们畅谈。汤米用英语跟一位年轻的管理员聊着天。岸边那些样子古怪的渔村看起来跟我记忆中将近四十年前的渔村差不多。这让我感到心安：美丽的湖岸依然保

持着自然风貌。

我们的船渐渐驶近贡贝，我的心跳在加速。我在心中预演过重回贡贝的这一刻。在我的想象中，以往熟悉的田野助手们会满面笑容地把我们接回营地，正如多年前他们迎接还是学生的我时一样。汤米能感受到我内心的激动，他热切地打量着布满砂石的湖岸和朝着东非大裂谷延伸的、郁郁葱葱的山谷，想把一切都收入眼底。

但随着小船离岸边越来越近，岸上的一切看起来都那么陌生。我记忆中宽阔的湖岸不见了，取而代之的是一片茂密的树林。湖岸只剩下十英尺。一个小小的绿色混凝土拱门上涂着"贡贝河国家公园"。小船靠岸时，一张黑猩猩面部照片吸引了我的注意。那座拱门看起来有点商业化。我真希望它不在那儿。汤米也许听到了我低声的抱怨："我不喜欢它。"同样让我震惊的是，原先树木掩映中的、风格更为粗朴的草顶聚会厅现在居然变成了一座两层的水泥建筑。那里曾是我们研究人员共进晚餐和交流联谊的地方。我有点疑惑，转头问拉梅克："这是贡贝吗？"

拉梅克笑着回答说："是的，这儿就是贡贝。"

不得不说我有点失望。过去的生活教会了我如何掩饰自己的震惊与悲伤。童年时，我的兄弟姐妹觉得爸爸希望我们总是快乐，因此我们似乎也应该永远是快乐的，以免让爸爸失望。在行医时，出于对病人利益的考虑，在告知他们坏消息时，我需要克制内心的难过，将自己的信心、支持和同情传达给他们。

我依然记得将噩耗告知我的病人史蒂夫时的感觉。史蒂夫那时才三十九岁。他的上腹部检查出了肿瘤。我为他安排了超声波检查。收到检查结果后，我对他说："史蒂夫，你很可能得了淋巴瘤。"我心里难过极了，因为我知道这个年轻人的病有可能治不好。但我依然努力看着他怀着期待又忧心忡忡的棕色眼眸，对他表达我的信心和鼓励。这种情况从来都不容易，但作为医生，我必须有恰当的应对方式。在多年的行医生涯中，我意识到在处理这种状况时，我必须放慢自己的节奏——我不能急匆匆地对病人讲话，我必须努力找到一种圆融的说法。在把坏消息告诉病人时密切观察病人很有帮助，因为这能让我以最佳的方式应对病人接下来的状况。我也能据此判断病人能承受的心理极限。有的病人或病人家属会告诉我这样的时刻来自医生的同情和关爱是多么重要。但这需要医生隐藏自己心里的震惊和失落，仅仅从容冷静地展现自己的理解和同情。

第一眼看到贡贝发生的变化，我的确有点失望。我有意掩饰这种失望，尽管这与我将坏消息透露给病人时所作的掩饰相比实在算不了什么。得益于我行医的经验，小船抵岸时，我的脸上依然挂着笑容。小船终于停稳，我们踏上了湖岸。我想起了我的祖母露丝在我小时候常对我说的一句话："下海的时候，不要想着你能发现什么。"她智慧的话语提醒我，生命的唯一常态就是变化。在我身旁，差不多要小我四十岁的儿子正以新鲜的目光打量着贡贝。我不希望我的情绪影响他对贡贝的第一印象。

当我走出小船，踏上湖岸的沙滩时，我听到一个员工说："哈米斯在那里。"

我朝湖岸望去，看到一个人朝我们走来——我认出了哈米斯，多年前我在贡贝当学生研究员时的亲密朋友和主要田野向导。得知我要来的消息后，哈米斯从他的村庄徒步走了五个小时，又差不多等了整整一个下午，只为与我重聚。分别三十六年之后，他又朝我走来，脸上带着灿烂的笑容。我沿着沙滩走下去，心中的失望变成了此刻的喜悦。与哈米斯拥抱的时候，我知道我终于又回到了记忆中的贡贝。

现在哈米斯已经五十来岁了，但他的身板依然挺直，看起来非常健壮。他头戴一顶非常合适的白色"塔基亚"帽子，穿着卡其裤和一件格子衬衫。我们一块儿站在那里，过去的画面又变得格外清晰，如潮水般涌入我的脑海：与哈米斯共同攀登乞力马扎罗山的经历；哈米斯第一次触摸雪的惊奇表情；和哈米斯一块儿徒步去他的村庄见他的家人；在森林里跋涉观察黑猩猩——所有这些记忆都复活了。一种深深的喜悦之情涌上我的心头。我意识到，在分开的几十年里，我们的友谊从未断绝。

我们走回停泊在岸边的小船时，听到了从那里传来的几个贡贝营地的员工发出的笑声。我和哈米斯的重聚让他们也很振奋。汤米在等我的时候，一直在跟他们交谈，好让哈米斯和我有足够的时间叙旧。我们到达小船后，我把汤米介绍给哈米斯认识。我的儿子朝哈米斯伸出手，他们互道了一声"Jambo"，也就是"嗨"。哈米斯比我原先预想的要严肃。我不知道这是因为文化差异，还是由于他羞怯的个性。后来当我们深入交流的时候，我了解到，汤米使哈米斯想起了自己一个年仅十八岁便去世的儿子。这是几年前的事。

寒暄过后，两个我不认识的坦桑尼亚员工领着我和汤米去看我们的宿舍。它位于湖岸边那栋水泥建筑内，条件简陋。我们的楼上就是餐厅。一排枝叶繁茂的树把湖岸和建筑物分隔开来，为我们的房间带来了令人愉快的阴凉。哈米斯在湖岸附近等着我们。

走进房间时，我感到又热又累。我感到坦噶尼喀湖清澈的湖水在向我召唤。1973 年我在贡贝的时候，每天都要去湖里泡澡。透过窗户，我能看到轻轻拍打着湖岸的湖水。我对汤米说："我必须得去湖里泡一会。"

但与我相比，汤米更有耐心、更务实。虽然只有二十多年的生活经验，但他的社交情商很高，很善于从细微之处洞察人们的需求。他是足球队里的中前卫，打球时也能迅速判断球队该如何传球。当时，他已经意识到哈米斯有自己的计划，我却没有完全意识到这一点。汤米有礼貌地劝我说："爸爸，我们任何时候都可以去湖里游泳。现在我们先跟哈米斯聚聚吧。"

我们走回了湖岸。哈米斯掏出一张我们俩拍摄于 1973 年的老黑白照片——哈米斯那年十七岁，我二十二岁。这张照片保存了将近四十年，已经有点发霉发皱，但我们的面部依然清晰。

我用心体会着这一刻。哈米斯一直保存着这张照片，并把它带过来给我看。这使我感到我们之间更亲近了。我把一只手放到他的肩膀上，他也立刻把一只手放到我的肩膀上。我注视着他，用斯瓦希里语说道："好朋友。"

汤米出于本能建议我来这里跟哈米斯会面。我听从他的建议是对的。哈米斯为我们组织了一个聚会，他似乎对此感到很自豪。按他的计划，他会把我们带到湖边的男性营地员工宿舍区，把我们介绍给其他的田野助手。他们会用冰镇汽水招待我们。在那里我们可以一起聚会、聊天。于是我们一起走向位于我们南面的田野助手宿营区。我对那个地方很熟悉。到达那里后，我们见到了一些新的田野助手，此外还有一些我做学生研究员时就认识但不是很熟悉的老面孔。

他们把我们迎进一个小小的户外区域。这个区域紧挨着他们在贡贝营地工作期间暂时居住的屋子。这样的一处营地可同时供十到十五个人居住。这处户外区域四面都有围挡，因为湖岸上常有狒狒游荡，有时他们还会在营地附近觅食。我们在营地逗留时，刚好有一只狒狒路过。他观看着我们这些被"围起来"的人类。我不禁笑起来：动物园颠倒过来了。

与我第一次来贡贝时，一个让我吃惊的变化是，这一区域如今有一台大屏幕电视。它与周围的环境很不搭，但很显然田野助手们在追踪了一整天黑猩猩之后，特别喜欢看电视。我刚到时，大家都在紧盯着电视看。但我们开始聊天之后，很快就有人关了电视。他们最喜欢看的似乎是新闻和体育节目。我在贡贝营地做学生研究员时，这里还没有电力设备。看到我这么惊讶，哈米斯解释说："如今营地有一台大型发电机为电视和餐厅的电灯之类的设备供电。"

汤米和我带了很多我在 1973 年拍摄的塑封照片同营地的人分享。我拍下这些照片时，贡贝营地的田野助手没有相机，因此，看到这些老照片里的自己和自己的亲属，他们笑逐颜开，惊喜不已。一位年轻的田野助手指着一张照片对我说："这是我爸爸！"他对这张照片看了又看，伸出手去抚摸它，脸上时不时露出微笑。汤米后来跟我说，看到那个年轻人见到自己父亲年轻模样时流露出的欣喜，他很感动。

我们坐在一起畅谈、欢笑，讲述与这些照片有关的故事。随后，我把这些照片留给了他们保存。

拜访完田野助手们之后，汤米和我认为是时候把我们为哈米斯准备的礼物交给他了。这是一块手表。三十六年前，我离开贡贝一年后，哈米斯曾请求我买一块手表给他。我依然记得那封信。我请朋友把它翻译成了英文。哈米斯在信中给出了他想要的手表的所有细节，包括颜色、表带、秒表和日期显示框的样式。但我并没有买给他，因为我当时忙于读医学院，也不确定如何把手表安全地寄到他的村庄里，我也担心这会让营地的其他田野助手感到受冷落。我总觉得当时应该把表寄给他才对。这些年一直为此感到内疚。

我这次重回贡贝之前，给哈米斯发过一条信息。他回复信息时问我能否给他带件小礼物。他提到他需要一块手表。他的这个请求对我而言几乎是种解脱。我请汤米帮我买一款好看点的手表。汤米找到一块非常美观的金色手表，表带可调节，有日期显示和秒表功能。买下来之后，汤米小心地把它装在了一个小盒子里。

当我把那个包装精美的表盒递给哈米斯时，他看了看它，脸上露出笑容。他小心地把盒子打开，那块手表在下午的阳光下闪闪发光。哈米斯把它戴到了手腕上。尽管那块手表的腕带过于宽松，但我们在一起的所有时间里，哈米斯手腕上始终都戴着这块表。把它戴在手腕上，哈米斯似乎感到特别自豪。汤米看到我这位亲爱的朋友的感激神情后，脸上总是洋溢着笑容，不时朝我打量。

"Asante sana."——太感谢你了。哈米斯盯着自己的手表，一再轻声重复着这句话。

　　晚饭之前，我们总算有时间去坦噶尼喀湖里游泳了。汤米一直很怕会在水里遇到水眼镜蛇，我在这里当学生研究员的时候就见过。但最近并没有在湖中发现水眼镜蛇。生活在坦噶尼喀湖其他地方的蜗牛会传播血吸虫病，但贡贝没有这种蜗牛。这部分归功于珍妮的环保工作。她建立的坦噶尼喀湖水域植被重建和教育组织（TACARE，可以读作"Take Care"①）在使这片水域免遭污染方面发挥了一定作用。这种疾病是由被称为"血吸虫"的寄生虫引发的。在非洲的很多地方，踏进淡水湖或水塘或在其中游泳的人都可能会感染这种疾病。但在贡贝，这里清澈的水域足够安全到让人在里面活动。

　　夕阳西下，暗绿色的湖水看上去分外诱人。我和汤米跃入了清凉的水底。再次浮上水面时，我觉得这像为汤米准备的一次洗礼；对我而言，回到这个美丽的栖息地也犹如一次新生。我仰卧在水面上，朝远离湖岸的方向游去，为的是好好打量一下贡贝之上的群山。

　　当天晚上，两位坦桑尼亚厨师为参观贡贝营地的八位游客做了一顿丰盛的晚餐，有蘑菇汤、鲜鱼和当地的水果。八位游客中除了汤米和我，还有几位从英格兰和德国来的旅游者。这一次我是以正式游客的身份参观这里了。我在贡贝做学生研究员时吃得可没这么好，尽管当时我们的食物也非常营养美味。由于添加了特制的酱料和香料，这顿晚餐显得尤为精致。过去在这里时，我们最常吃的食物包括豆子、香蕉、棕榈油和煎脱气鱼。

---

　　① Take care 在英文中有"照顾，关爱"之意。

吃晚饭时，营地经理指着一个人对我说："这是阿卜杜勒。他是你们的营地助手，明天会带领你们去看黑猩猩。"那个人看起来有二十四五岁。他朝我们点了点头，笑容十分友善。阿卜杜勒口齿伶俐，英语讲得相当好。我们立刻就喜欢上他了。他当营地导游赚来的钱大部分都用于供养自己的母亲。他母亲居住在基戈马市，身体不太好。阿卜杜勒真诚的品格、流利的英语水平，以及他向我们介绍明天会面地点时的亲切态度使我们很快就觉得同他亲近起来。我们做梦都没想到会遇上这么好的营地导游。

当我吃下最后一块鱼时，哈米斯说道："明天一早，我就要返回我的村子了。我该跟你们道别了。"他陪我们走回我们住宿的房间，我们在那里互道了再见。他要走时，我觉得有点失落。但我们计划再过些天就去拜访他和他的家人。我说："我们很开心能去村里拜访你！"他朝我温和地笑了笑。

我们位于那栋水泥建筑内的房间靠近湖岸，有两张舒服的床，有自来水。过去，当我住在更高的森林深处的茅草屋时，有时睡前我会躺在床上静静地聆听屋外蟋蟀的叫声和风吹树枝发出的沙沙声。而在这间现代化的房间内，我只听得到楼上餐厅里人们交谈的低语。我希望我依然能住在我原先位于林中的茅屋里，或是珍妮在湖岸边那座风格粗朴的房子内——现在它已经对游客开放了。但营地的工作人员理所当然地认为我们会更喜欢这栋更为现代化的建筑内的便利设施。

我希望汤米也能像我一样聆听到夜色中的非洲丛林的声响。但在失望中，我提醒自己：我很确定他并不在乎这些——事实上，待在这

间不受鳄鱼、狒狒和其他不速之客侵袭的坚固建筑内或许反而让汤米感到更安心。我怀着深深的满足沉入了梦乡，我知道我和儿子明天将一起追踪黑猩猩。我也知道我亲爱的朋友哈米斯依然在这片非凡的非洲丛林里——此刻，我也在。

第十五章

重回森林

　　我的心怦怦直跳，我的胃因紧张而翻腾不已。我们在地势较高的凯瑟克拉山谷艰难地搜寻了三个小时，但始终没见到黑猩猩，颇感失望。突然，我们与一队共七只黑猩猩遭遇了。他们正在行进。阿卜杜勒对我说："弗洛伊德在那里。"这句话差点让我惊掉下巴。

　　我在贡贝待的八个月里，多数时候都在观察这只健壮的黑猩猩的一举一动。他和他的母亲菲菲是我观察黑猩猩母婴关系的主要对象。如今，三十六年之后，已经三十九岁的弗洛伊德再次从我身边跨过。正如我预测的那样，他后来成了族群中的雄性首领。但现在他的黄金时期已经过去，他不再是"bwana mkubwa（家族中的老大哥）"了。

　　弗洛伊德有种从容自信的风度，这得自他的家族遗传。他开始与其他三只黑猩猩互相梳理毛发之前，我抓住时机拍了一张他的特写。他的某些姿态和面部表情看起来还跟以前差不多，这让我感到很开心。但后来我心里充满哀伤。我意识到从前见到弗洛伊德时，他从未离开过妈妈。如今菲菲已经不在了。她四年前失踪，被推测为已经死亡。尽管我知道她已经去世，但我真的期盼能再见她一面。

　　这队黑猩猩走到了离我们只有几英尺远的地方。我们蹑手蹑脚地退到了一处灌木丛里。我们静静地坐在那里，以免打扰到他们。汤米这次大开眼界，冲着我笑了笑。我靠近他，激动地对他低声说："真不敢相信我们能坐在这里观看弗洛伊德。我原以为我再也没有机会带你认识他呢。"

汤米小声地回答："真高兴能在这么近的地方见到他。从你所讲的关于弗洛伊德和菲菲的故事里，我觉得我早就认识他们了。"接下来的几分钟，他脸上始终洋溢着笑容。看着他，我不由得想，现在你也是这个故事的一部分了。

后来又有一些别的田野助手加入了对这些黑猩猩的观察，但无论是对我们三个还是对别的田野助手，这群黑猩猩似乎都毫不在意。我们非常安静地坐在那里观察着他们，直到他们离开此地，快速地朝北方转移。这次我们没有跟着他们走。根据规定，研究者不能越过公园北部的某个界限，因为活动于公园北部的一群黑猩猩还不习惯与人类接触。与栖居于凯瑟克拉谷的黑猩猩不同，那些黑猩猩较为危险，因为他们对人类观察者还不够信任。

阿卜杜勒向我们解释说："北部的黑猩猩曾攻击过村民。因此我们不允许去那个区域。我们可以继续在这里等，因为我们观察到的这群黑猩猩不会深入公园北部很远。他们可能还会沿着这条小路走回来。"于是我们又在原地耐心地等了两个小时，一边谈着话，一边品尝着掉落在地上的鲜美多汁的马布拉果——阿卜杜勒说得没错，后来弗洛伊德和其他黑猩猩又回来了。我们重新开始跟踪他们。

突然之间，一种与此前完全不同的气氛笼罩了整队黑猩猩。他们高声尖叫着，激动的声音在树林里回荡。汤米一脸疑惑。我们中的一个田野助手喊道："弗罗多刚才杀死了一只疣猴幼崽！"另一个在我们前面五十码远的田野助手把这个消息通过无线电传给了他。我的记忆突然闪回到了过去：三十六年前，营地里还没有无线电。我们会发出尖锐短促的、挑战般的叫声在山谷间向彼此传递消息。

　　我记得黑猩猩捕到猎物后，总会狂欢一阵子。他们会聚在一起讨肉吃，并猛烈地攻击企图抢夺猎物的其他动物。他们吓人的尖叫声越来越高。

　　汤米问我说："我们是不是应该朝相反的方向躲一躲？"

　　我淡定地笑着回答道："我们没事。对他们来说我们算不上威胁。只要你不去抢弗罗多的肉就行。"他咯咯地笑了。

　　我们匆匆地赶到猎杀发生的地方。我一眼就看到了弗罗多。他在一棵高高的树上，正在品味他猎杀的那只疣猴幼崽。他也分了一些肉给几只雌性黑猩猩和附近的一只雄性黑猩猩。我没有看到弗洛伊德。或许他此刻正在领地的边缘游荡，又或者是场面过于混乱，使我无法看到他。黑猩猩用来交流的每种声音我们都在这里听到了：喘嘘声、尖叫声、粗哼声以及他们在协力捕杀猎物时发出的喘气声。

　　汤米躲在树叶下一个安全的所在，观察着黑猩猩的活动和骚乱。汤米低声说："没想到有些黑猩猩这么凶！"

　　"那些蹲着的黑猩猩看起来很凶，但其实这只是敬畏的表情。他们希望从弗罗多那里分得几块肉。"我对眼睛一眨不眨地盯着眼前的景象看的汤米轻声解释道。

　　很多其他的田野助手和几个研究员也聚拢过来，观看黑猩猩杀死猎物之后的行为。黑猩猩的叫声在我们头顶的枝叶间回荡。我们蹲在低垂的树枝下面，以免被他们察觉。

　　也正是在这个时候，我觉得汤米头一次意识到了我们有多么幸运。多年前做学生研究员的时候，我并没有觉得以特殊访客的身份实际观看贡贝大猩猩的野外互动是件多么了不得的事。但我觉得汤米现在似乎意识到了这种体验的弥足珍贵。我们距离这些健壮而野性的动物如此之近。他们随时可能展开杀戮，但我们也知道他们能够容忍我们的存在，而不会伤害我们。汤米依然全神贯注地观察着这些黑猩猩，但渐渐地，他的神经放松到了跟多数访客一样的程度，而不再那么惧怕这些拥有巨大力量的动物了。

继续观看了一会儿黑猩猩的骚动之后，阿卜杜勒领着我们沿着一条小溪走开了。我们今天下午的观察算是结束了。我感到自己的肌肉很疲惫。我已经不习惯像过去那样在山谷里密密层层的枝叶间爬上爬下了。看到湖岸时，我心里松了一口气。我以为我们今天跟踪观察黑猩猩的活动已经结束了，于是开始打量湖水。

不料，我们在湖岸上休息交谈了四十五分钟之后，阿卜杜勒说："我们还要去追寻黑猩猩，观看他们晚上筑窝。你准备好了吗？"

"Ndiyo"，是的，我对他说。我很不情愿地放弃了去湖里游泳的念头，开始为再次去位于高处的山谷里跋涉而活动双腿。

这时的森林已经变得十分安静，只听得到鸟儿的声声啼鸣。为了有效地管理游客和田野助手，按规定绝大多数访问贡贝的游客下午五点之前都要回到位于湖岸的营地。但由于我具备在贡贝当学生研究员的经验，汤米和我被允许同黑猩猩待在一起直至日落时分，也就是晚上七点钟左右。

为了让我们观察黑猩猩筑窝，阿卜杜勒费了很大的劲搜寻他们。六点钟左右，我们终于发现一组黑猩猩。但他们在吃了一个小时东西后，突然离开原地，迅速朝一处茂密的灌木丛转移。我们不可能再穿越崎岖的林地去观察他们筑窝了。这让我感到极为失望。

　　但在这群黑猩猩离开前的一个小时，我体会到了与世代居住在贡贝的黑猩猩最深刻的联系。因为弗罗多也在这群大猩猩当中。我和汤米看到了他在山坡的草地上游荡的样子。那时夕阳西沉，我和汤米注视着他趴在高高的草丛里，嚼着褐色的橙子。我们同样趴在地上，隔着干枯的树枝观看着这只充满传奇色彩的黑猩猩，与他相距不到二十五英尺。据我们所知，他是贡贝黑猩猩族群里最大、最强壮的雄性首领，但如今已经"退休"。我和汤米都觉得他现在看上去很平和。真难以相信我们眼前的这只黑猩猩就是贡贝黑猩猩中捕猎本领最高、最为凶猛的族长弗罗多。

　　弗罗多1997年取得了雄性首领的地位。他体形巨大，体格异常强壮。据珍妮说，他靠武力推翻了自己的哥哥弗洛伊德，对自己的族群实行铁腕统治。弗罗多曾经攻击一名观察他的灵长类动物学家。他二十多岁的时候，甚至还用拳头打过珍妮，差点把她的脖子打断——这非常罕见，因为贡贝的黑猩猩已经习惯了珍妮的存在，以前从未攻击过她。

　　2002年，弗罗多从一位人类母亲那里夺走了一个十四个月大的小女孩。当时这位妈妈正和她的侄女一道穿越贡贝森林。她的侄女用婴儿袋把小女孩背在背上——坦桑尼亚妇女通常都是这么带小孩的。弗罗多一把抓住小女孩，跳到一棵树上，杀死了小女孩。这是一个悲惨的事件。但弗罗多或许只是把小女孩误认作了一只疣猴幼崽。对黑猩猩而言，把疣猴幼崽当猎物再正常不过，他们时不时会抓疣猴幼崽来吃。作为一名出色的捕猎者，弗罗多或许并不会去分辨物种的不同。这些推测当然无法安慰一位承受着巨大的丧子之痛的母亲。相反，这件惨事是一个警告，警告人们一定要让婴儿和儿童远离黑猩猩的家园。

这次事件发生几个月后，弗罗多患上了一种寄生虫病，这使他暂时变得虚弱。在这段时间里，他失去了首领的地位，随着时间的推移，他的性格也平和了许多。接下来的两年，贡贝的黑猩猩都没有公认的首领，直到黑猩猩谢尔顿再次成为族群中的老大哥。但阿卜杜勒、汤米和我都知道弗罗多捕猎的本领还在，因为当天早些时候我们亲眼见到了他猎杀一只疣猴幼崽之后的情形。

我们在山坡上看到的那一幕反映了弗罗多性情中温和的一面。汤米说："他看上去真是知足，似乎除了新鲜的空气和奶苹果之外别无所求。或许在我们那边，我们过于操劳了。"

"我同意。"我说道。我不禁想起了自己漫长的工作时间。

我觉得我和弗罗多的联系很深。我与他如此接近，对他的哥哥和母亲非常了解。弗罗多二十来岁的时候，族群内其他年轻的黑猩猩往往会在近旁围观他炫耀力量的激烈行为。那一刻注视着他，我不由得想到，作为一个父亲，也许我可以在我的两个儿子面前表现得更为自信一点——而不必炫耀力量。

我父亲的行事风格更像弗罗多——精力充沛，掌控欲强，在家中和职场上都是如此。这导致了我羞怯而犹豫的个性。成为父亲后，我有意识地尝试将母亲鼓励质疑的细腻育儿风格融入我自己的育儿方式中。在家中为孩子们树立规矩的同时，我仍然保持着宽松的育儿风格，容许孩子们犯错，而不是一味靠强制。与对抗性体育活动相比，我更喜欢慢跑、划小船和游泳。我也不喜欢侵略性较强的男性竞争活动。

　　怀着放松的心情陪着汤米静静地观察弗罗多时，我想到了我与汤米和我十岁的小儿子帕特里克在父子关系上的演变。尽管年幼的帕特里克没办法跟我们一块儿来贡贝旅行，但他在婴儿时期就很喜欢听与黑猩猩有关的故事。无论与动物相处时，还是在美国西北太平洋沿岸地区的森林中时，他都表现得十分从容。在生活中遇到困难时，我们应对的方式也都差不多：即在幻想中逃避。帕特的幻想包括他从书上看到的恶龙和武士及自己的白日梦，而我的幻想则始终离不开贡贝的森林。我们三人的联系还体现在我们遇到不如意时，都会用幽默去化解。

　　从四岁开始，汤米就对大部分团体体育活动十分着迷，即便在比赛时间较长的英式足球或棒球运动中，他也能始终全神贯注。后来音乐（鼓、钢琴和吉他）也成了他的爱好之一，但他对对抗性体育活动依然热情不减，特别是英式足球。即便上了大学也是如此。我的妻子温迪在汤米离家去上大学几个月后对我说："汤米一走，我就再也找不着浴室里放体育用品的角落了。"

　　想到这一点，我觉得颇为伤感。不仅因为这代表着汤米已经离家读书的事实，还因为它提示着青少年时期的汤米与我截然不同的兴趣。我必须承认，我最感兴趣的报纸版块是地产和娱乐版块。我喜欢观看汤米参加的棒球和英式足球比赛。他小时候，我甚至还为他的体育队当过教练。但在体育方面，他热衷于对抗运动，我则不是。

　　但在这次贡贝之旅中，汤米和我形成了默契。缤纷而原始的环境让我们变得更为亲近。我们成了一起执行任务的同志。当我们注视着弗罗多悠闲从容地在夕阳的金色余晖中吃李子时，我们过去所有在兴趣和童年经验上的分歧都变得不再那么重要。汤米似乎和我一样处于完全的宁静中。我们父子两个开始觉得彼此更像一对好朋友。

那一刻，弗罗多和我的共同之处对我而言是显而易见的：我同样也是一个已经步入退休阶段的男性（尽管我只是个普通人，而不是首领）、一个可以将人生经验分享给儿子的智慧导师——至少我希望如此。虽然我在贡贝当学生研究员时并没有清晰地意识到这一点，但事实上，在贡贝的日子深刻地影响了我。这至今都让我感到惊异。我曾在大学里研究过儿童发展，后来又远赴贡贝在野外观察过黑猩猩。这些经历无可避免地影响了我所承担的不同角色的自我形象——从学生到单身人士、父亲和医生。

弗罗多也使我想起了以珍妮的前夫之名命名的黑猩猩雨果，想起了贡贝的其他黑猩猩对待他的方式。那时黑猩猩雨果已经四十八岁，无疑已经无法再对其他雄性黑猩猩构成威胁。甚至他从斐刚嘴里夺走香蕉这样的行为也被容忍。斐刚可是当时黑猩猩族群的雄性首领。我从没见过别的黑猩猩威胁或欺负他。老斐洛，那位我1973年抵达贡贝之前就已经去世的雌性老族长，同样颇受尊重。即便在她四十多岁的暮年时期，族群中的雄性黑猩猩依然觉得处于发情期的她非常有吸引力。

大约过了一个小时，弗罗多站起身朝我们走来。他所属的小群体的其他成员正在动身离开。他们一个接一个，迅速钻入了茂密的灌木丛中，寻找适于筑窝的树木。弗罗多是最后一个。阿卜杜勒叹了一口气。密不透风的灌木丛将使我们无法继续跟踪这些身手敏捷的黑猩猩

及观看他们筑窝。想到这一点，我的心不由得沉了下去。看着他们逐渐消失在眼前，汤米的脸色也黯淡下来。

　　我们转身朝湖岸走去，谁也没说什么话。紫色的天空渐渐变为深蓝色。往回走的路上，我才觉得心情好了一点。虽然我们没能看到黑猩猩筑窝，但我们遇到了黑猩猩弗洛伊德，也看到了弗罗多闲适的样子。我见到了菲菲的两个后代后来的样子，这让我心存感激。我深深地呼吸了一口树林中的新鲜空气，体会着自己与熟悉的黑猩猩之间的深刻联系。想到与弗洛伊德的重逢，一股强烈的感情涌上心头。四十年前与他的接触改变了我的生命。看着走在我前面的儿子沿着林间小道而下的背影，我脸上浮现出感激的微笑。

第十六章

珍
妮
峰

经过一夜的休息之后，汤米、阿卜杜勒和我第二天早晨又在那栋水泥建筑之外会合了。早上八点钟，我们吃完了充当早餐的新鲜番木瓜和谷物，跟阿卜杜勒谈论着当天的计划。这个时节很少下雨。因此，当我们回到自己的房间时，我们换上了轻薄的衣服，小背包里只带了装水的容器。

我们再次出发去追寻黑猩猩。阿卜杜勒全天都带领着我们。一路上都能遇到成群结队的黑猩猩、狒狒和疣猴在树间跳跃。经过流淌的小溪时，我们时不时会停下来用凉爽的溪水洗把脸。傍晚时分，我们决定去参观一下珍妮于二十世纪六十年代开始观察时作为瞭望点的山峰。我希望汤米去珍妮当时观察黑猩猩的确切地点看一看。那是一小块空地，从那里能俯瞰贡贝的主峡谷。珍妮曾在那里耐心地等待了好几个月，直至黑猩猩不再惧怕她。她在这里用望远镜观察山谷里的黑猩猩及打开铺盖准备过夜的画面曾出现在几部《国家地理》杂志制作的纪录片里。

"我会带你去珍妮博士的山峰。"阿卜杜勒说。他对珍妮在贡贝的全部历史都很熟悉。尽管珍妮在贡贝的历史开始时，他还没有出生。

下午五点钟，动物发出的喧嚣声已经平息，森林变得宁静。七十度的气温 ① 与从湖面吹来的凉爽微风完美相配。我们穿过密密层层的灌木丛，攀上了一座芳草依依的小悬崖。它被称作"顶峰"。四周传

———————

① 指华氏温度，相当于 21.1 摄氏度。

来鸟儿轻柔的啼鸣。攀登陡峭的悬崖时，汤米和我都气喘吁吁，而阿卜杜勒看上去则没怎么费力。

俯瞰着凯瑟克拉谷，汤米说："我觉得我们仿佛在乘飞机飞越山谷。"我们站立的空地洒满金色的阳光，与周围一片苍翠的森林形成鲜明对比。下方茂密的树林中不时传来黑猩猩的叫声和狒狒的粗哼声。有那么几分钟的时间，我们三人静静地站在那里。我们的沉默如同祷告或沉思。站在那里的感觉如同走入了一座古老的大教堂，教堂的彩绘玻璃和高高的穹顶向我们传递着古老的、充满灵性的启示。

阿卜杜勒坦白地说："我很喜欢森林中的这个地方。"我望着他。他的脸庞闪耀着平和宁静的光彩。作为回应，我缓慢悠长地呼出一口气。

对我来说，这处顶峰代表着珍妮早年在这里经历的刻苦、孤独和取得的成就。凝望着下方的山谷和更远处的坦噶尼喀湖，抬头去看裂谷山，我想象着二十世纪六十年代时珍妮的模样。那时她才二十六岁。她那时候想必深感孤独，但珍妮总是强调，这段时光其实很美好。冒着得热带疾病和受伤的危险在灌木丛中穿行时，珍妮肯定经历过一段严酷的岁月。但她同样获得了回报：森林中的宁静和见到自然条件下的黑猩猩都是无价的馈赠。因为这些，她经历的艰辛是值得的。

但珍妮也承认，她还没有傻到连金钱豹、非洲水牛、蛇和疟疾等危险因素都毫不担心的地步。但她的自律精神和意志非常强大。她对于黑猩猩的责任感激励着她舍弃了英格兰舒适的家庭生活，冒着危险，忍受着孤独在贡贝生活。

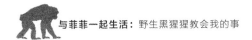

在自传《点燃希望》一书中，珍妮写道："我命中注定应该去那里。那里有我的工作要做。"她认为这是她与上帝的契约。她曾说："我要做这份工。神啊！求你看护我。"

尽管面临着巨大的困难和未知的危险，珍妮还是实现了研究非洲野生动物的梦想。她父母的基因可能对她的成功也有帮助。她的父亲是一名赛车手，而她的母亲则是一个耐心又慈爱的人。珍妮在《与黑猩猩共度的岁月》中写道："我希望了解无人知晓的事物，凭借耐心去洞察秘密。"

在最近我参加的一个讲座上，珍妮说，回顾自己的早年岁月，她当时觉得自己根本不可能成功，但她还是坚持了下来。"在贡贝的头几个月我相当沮丧。但从那之后，我便一直坚信我需要做完自己被派到那里要做的工。"照她自己的说法，五十五年之后，她致力于研究凯瑟克拉谷野外条件下黑猩猩的毕生事业依然在继续。这是目前为止人类对野外大猩猩跨度最长的研究。得益于珍妮研究的长期性，她发现了一些短期研究不可能发现的新信息。对于将珍妮视为人生导师的我来说，她持之以恒的坚韧态度让我深深体会到了始终专注于目标的重要性。

在我为这些事浮想联翩的时候，我忽然想到一件事。我总是想要将生活中的"特殊时刻"记录下来，哪怕我知道这么做会干扰我对当下时刻的享受。我将手中的相机递给了阿卜杜勒。我对他解释道："我想和汤米坐在珍妮二十世纪六十年代坐着的地方，请帮我记录一下。"他点了点头，低头去看手中的设备。

我们找到了我们所认为的、当年珍妮观察黑猩猩的同一处地点。

阿卜杜勒为我们拍摄时，我开始同汤米谈起如何以叙事的形式将这一刻记录下来。突然，我们听到"咔哒"一声。阿卜杜勒皱着眉头说："相机不能用了。"

我检查了一遍相机，按了一通按钮之后，发现是没电池了。我沮丧地摇了摇头说："我还以为电量足够呢。或许我可以回去再取一块电池来。"我的儿子和阿卜杜勒都难以置信地盯着我。我这才恢复了理智。这一去一回要花费三个小时。简直是疯了。我为自己没能好好准备而垂头丧气。在我摆弄相机的时候，阿卜杜勒走到一边去了，汤米也跟着他。

我深深地吸了一口气，意识到自己把心思花在了错误的地方。我可以简单地"沉浸"于当下的特殊时刻，而不是只想着用相机拍照或回到家后如何对别人讲述这些特殊时刻。

我把面孔转向汤米和阿卜杜勒。他们兴致勃勃地谈论着各自的生活和黑猩猩。我很高兴能看到这两个背景迥异的二十来岁的年轻人能在一块儿说笑，享受彼此之间日益浓厚的友谊——在任何大学校园里或是在基戈马市，都能看到这样的场景。以前我在贡贝时，这样的事也曾经发生在我身上。在那里，我和哈米斯结下了终身的友谊。如今，还是在贡贝，同样的事又发生在我眼前，这让我很开心，因为这让我对过去我在这里度过的时光感到更为亲近。我把相机的事抛到了脑后，静静地观赏了一会儿风景。

谈到至今体格依然十分健壮的黑猩猩弗罗多时，汤米对阿卜杜勒说："在我家那边，有些人在开始练习健身或举重时，会聘请专门的私教来指导自己。或许那些希望自己特别强壮的人可以聘请弗罗多当

私教。"

阿卜杜勒开怀大笑，拍了拍汤米的肩膀。

看着他们分享着彼此的故事，我既对他们的青春感到嫉妒，又对他们在事业、经济、爱情、抉择和生命意义等方面所面临的不确定性充满同情。在我自己的记忆中，我从二十岁到三十岁这段时间过得十分辛苦，尽管其中也不乏振奋人心的时刻。当时，我怀疑自己是否具备做医生所需的素质。我十分用功，但依然觉得物理和生物化学很难掌握。我在大学里也有好朋友，但我对别人无法敞开心扉，因而也无法获得更为亲密的友谊。由于我保守的成长环境——也由于我天生内向羞怯——我感到很难与别人轻松相处。在野外条件下观察黑猩猩给了我有益的影响。在长达几个月的时间里，我一直在观察黑猩猩之间自然自发的互动行为，这在一定程度上消除了我内心的拘谨和敏感。与以前相比，我更能够做真实的自己，也更不在意别人对我的看法了。从某种意义上说，黑猩猩的自信感染了我，使我也跟着变得更为自信。我懂得了如何在全身心地投入我认为有意义的活动的同时，又为更大的集体做出重要贡献。试着过一种既有意义又快乐的生活给我带来了巨大的幸福。

汤米研习过佛教和冥想，他正在探寻"活在当下"这一理念的意义。他努力使自己的日常思绪既不执着过去，也不停留于将来。还有一点也很清楚，那就是，那些"无关乎"他人的事业不在汤米的考虑之内。阿卜杜勒同样也在乎他人。对他来说，奉养自己体弱的母亲是一件大事。他也拥有坚定的信仰。同别人谈话时，他非常专注，眼神交流也很多。他和汤米都是体魄健壮结实的年轻人，充满活力，坦诚直率。两人都能很好地融入自己所属的社群。我不禁想知道这两个人在他们的生命中会对各自的社群做出怎样的贡献。

汤米和阿卜杜勒依然兴致盎然地谈着话。我抽身后退了一点点。望着湖对面刚果的群山上方的朵朵白云，我陷入了自己的思绪中，回想起了多年前珍妮和我相处的一段时光。

珍妮来西雅图做演讲的时候，一天中午，她和我走到露台上去小酌一杯。当天天气不冷不热，我们静静地坐在那里，沉浸于各自的思绪里，享受着这种沉默。我看到一只松鼠在我们面前的树丛里钻来跳去，弄得树叶沙沙作响。

正当我注视着在微风中轻轻摆动的一根树枝时，珍妮打破了沉默。她对我说："我有个习惯。我喝酒时，会向那些曾出现在我生命里但如今已经过世的人举杯。每到下午五点钟左右时，我都会想起我妈妈和德雷克。"德雷克是珍妮的第二任丈夫。他和珍妮结婚仅仅五年后，就因结肠癌去世了。珍妮的妈妈范妮不仅照料了她的童年，珍妮在贡贝的早年岁月里，范妮也给了她情感上的支持。范妮于几年前过世，享年九十三岁。母女二人一直都非常亲密。

珍妮说："这些年我认识的好些个好人都过世了。"我们再次陷入了沉默。之后珍妮开始谈起别的她喜欢过但如今已经去世的人。谈到他们时，她的语气里透着暖意和喜悦。她谈到了英年早逝的头任丈夫雨果；谈到了曾陪伴她度过许多时光的祖父丹尼。当然，她也谈到了黑猩猩斐洛。斐洛曾经是贡贝猩猩族群的雌性族长。刚到贡贝的头几年里，珍妮对她就已经十分熟悉。

我望着珍妮，她的脸庞十分宁静。我朝她坐得更近了一点。我知

道她对非语言交流十分擅长，因此只是带着微笑注视着她。她并不需要我回答什么。

珍妮凝望着飘浮朵朵白云的深蓝色天空说："我想我该敬'白云联盟'一杯了。"

珍妮将自己与那些已经从她的实际生活中消逝的人保持联系的方式讲给我听之后，我对她的心灵又多了一重敬意。珍妮对我说，自从这些对她意义非凡的人过世之后，她每一天都会想到他们。她把他们叫作"白云联盟"。云朵的形状仿佛是她与这些心爱之人的情谊，时时变幻，但始终都在。

因此，当白云渐渐散去时，珍妮和我举杯致敬说："敬过世的亲友。"

现在，从我站立的山峰上望着飘过刚果群山的白云，我又回忆起了那个下午。我伸手摘了一片大叶子，把它卷成了一个简陋的"酒杯"。汤米和阿卜杜勒被我的举动吓了一跳，他们打量着我，仿佛我在太阳底下晒太久，晒糊涂了。但我把"酒杯"指向白云，说："敬地球上的生灵，敬为保护环境而努力的珍妮，敬贡贝的黑猩猩。"

汤米和阿卜杜勒都对我报以灿烂的笑容。他们也将手掌握成酒杯的形状，和我一起向白云致敬。我的儿子将想象中的"酒杯"送到唇边时，注视着我，眼中充满敬意。我的心中充满感动。

站在珍妮曾驻足的山峰上环顾四周，我觉得心旷神怡，被崇高的灵性所包围。这时我不由得想到了自己的母亲。我对灵性的最初了解就源于她。在我的青少年时期，她常会读讲埃德加·凯西的书。埃德加·凯西是一名相信转世和算命的灵医。妈妈对我讲到凯西如何在附体般的状态下找到病人的病因。尽管我对此十分怀疑，但也非常感兴趣。基于自己坚定的信仰，妈妈对我们家族成员遇到的情感波折和健康问题始终能以镇定从容的方式去应对。她总是以确信不疑的口吻说："观照内心，发现真相。神就住在我们每个人的心里。"

后来，我对珍妮的灵性有了更深的了解。和我一样，珍妮也认为森林是最神圣的地方。在贡贝时，从珍妮对大自然和野生动物的观察及互动中，我见识了她精神生活的深度。无论是当时，还是现在在这座山峰上，我都能感觉到这一精神在我心灵中的回响。正如戴尔·彼得森在《我的非洲心》一书中对珍妮的描述："亲近大自然和动物对她来说意味着亲近自己，以及与她体验到的灵性力量和谐共鸣。"

我离开贡贝之后，珍妮曾对我提起过她经历的一段艰难时光。1974 年，她与雨果的婚姻陷入危机。她的爱意转向了德雷克。当年春天的一天，被失落和悲伤所困扰的她偶然走进了巴黎圣母院。她立刻被宏大的乐声所包围。圣母院里正在举办一场婚礼。乐队高声演奏着巴赫的《D 小调托卡塔与赋格》。乐声在她周围激荡着，圣母院美丽的玫瑰窗在阳光中闪耀。珍妮在"沉默的敬畏"中停下了脚步。彼得森在《珍妮·古道尔：定义人类的女人》一书中用优美的语言描述过这一时刻。在《点燃希望》中，菲利普·博曼记录了珍妮在巴黎圣母院中的感触：

> 恢弘的管风琴之声在这个古老的敬拜之地回响着。千百年来，成千上万人曾在这里虔诚祈祷。圣母院因此而愈显神圣。我觉得，我之所以会受到如此强烈的感动，是因为我当时的生活正

处于变动之中，而我又是那么脆弱。这一事件迫使我重新思考尘世生活的意义。

站在那处顶峰上，我又回想起这些文字。我站立的地方同样拥有古老灵性的印记。我观望着眼前的森林。它们已经存在了数百万年，凝聚着深厚的精神能量。我曾深入地了解这片森林中动物的生活，也荣幸地见证了我们人类与人类的表亲黑猩猩的深刻联系，这不仅让我体会到了世界的辽阔，更让我意识到了每个个体在世界上的独特意义。

我的双脚仿佛在富饶的泥土中扎了根。我和儿子一道站在那里。他同样也在用自己的方式寻求一种更灵性、与万物更为亲近的生活。对于珍妮和我的母亲在实际生活和精神层面给我的影响，我心中充满深深的感激。同样让我欣喜的是，我的儿子也在以自己的方式感受这个遥远的地方及其所承载的历史。在这一刻，我的思绪自然也飘向了另一位曾影响和启迪过我的女性楷模。她如今已不在尘世。她就是了不起的黑猩猩族长——菲菲。

怀念菲菲

汤米和阿卜杜勒聊得很好。他们开始一起探索这座山峰。而我还想在这个富有历史意义的地方多追忆一会儿过去。我喊了汤米一声。他朝我走过来的时候，我说："我需要再待上一会儿，想想菲菲。"

我漫步到一棵无花果树附近一个长满枯草的小丘上。我在小丘上坐下来，沉思着菲菲和她对我生命的影响。我格外幸运，能有机会在她抚养自己的第一只后代时近距离接触这位极为出色的黑猩猩母亲。同样幸运的是我对黑猩猩展开观察的八个月正是弗洛伊德进行大量学习的成长阶段。菲菲杰出的育儿本领——这些本领有很值得人类学习的地方——在我开始行医生涯时经常出现在我的脑海中。

我离开贡贝后就再也没见到菲菲。在我这次跟汤米重回贡贝之前，我曾一再对自己说："我最好能在菲菲过世前回贡贝。"黑猩猩一般从四十岁就会表现出衰老的症状，变得更易感染肺炎和其他疾病。有些黑猩猩能在野外条件下活到五十岁，但为数不多。我真的特别盼望能再次见到菲菲。

2004 年 7 月，托尼却在电子邮件里告诉我，菲菲失踪了。经过一番推算，我意识到当时她已经将近四十六岁了。我十分了解菲菲，知道她绝不会失踪。她一定已经去世了。菲菲成功地养育了五个后代。她是黑猩猩老斐洛的女儿。由于她超群的育儿技巧、精力和信心，我在贡贝时，菲菲是我的重点观察对象。如今，她已经不在了。

我感到非常难受。我安慰自己：既然你对她而言什么也不是，那么又何必因为没能在她去世前再见她一面而感到内疚呢？由于研究者不得与黑猩猩进行互动（除非遇到无法避免的情况），在菲菲眼里，我或许只是另一只陌生的、直立行走的猿猴而已。但对我来说，尽管我与这只黑猩猩的关系是单向的，我仍然深切地体验到了失去心爱者之后要经历的五个阶段：难以置信（震惊）、内疚、气愤、悲伤和最终接受。很多时候，我们的悲伤并不是来自我们对失去的人是多么重要，而是来自他们对我们是多么重要。

得知菲菲去世的消息一个月后。我给菲菲写了一封长信。在信中

我告诉了她我多么为她的成就而骄傲，以及我在育儿上从她那里学到了多少东西。我希望她能知道她对我的影响有多深，也希望她知道我会继续把这种影响传递给我那些有小孩要抚育的病患。

坐在山峰上，我又回忆起那天晚上在我的办公室里，我注视着菲菲的照片，拿出垫板和信纸的情景。我觉得她应该更喜欢手写的信。

亲爱的菲菲：

尽管你的肉体已经从地球上消逝，但你依然常常出现在我的脑海里。在贡贝的野生森林里，你度过了四十六年的精彩岁月。

在长达八个月的时间里，我一直在观察你以一个年轻母亲的身份抚养自己两岁半大的儿子弗洛伊德时所展现的行为。你是我负责观察的四位黑猩猩母亲中我最喜欢的一位。因为你有无限的耐心、游戏的心态，对生活始终充满信心。

出乎在贡贝的所有人（包括珍妮）的意料，你在超过三十年的时间里成功养育了九个后代：弗洛伊德、弗罗多、弗恩妮、弗洛斯、弗沃司提诺、弗尔迪南德、弗雷德、弗莱德和弗洛华。你的五个儿子中，有三个后来获得了族群首领的地位，在很多年里为族群的安全和活力做出了贡献。

和你的母亲斐洛一样，你也是一只迷人的黑猩猩。通过《国家地理》杂志摄制的纪录片和珍妮·古道尔博士的著作，很多人都为你倾倒。因你的知名度，公众对保护森林的迫切性有了更深的认识。通过对森林的保护，黑猩猩、红毛猩猩、大猩猩等濒危物种和其他珍贵物种也将得到保护。

对你来说，我或许只不过是你在贡贝山谷间穿行时经过的另一片灌木丛而已。从你还是一只黑猩猩幼崽的时候起，不同的人类灵长动物曾怀着好奇心观察你。但当我看到你在生命的最后岁月里依然挣扎着喂养两岁的弗洛华的照片时，我掉下了眼泪。我很肯定，为了让她活下来，你付出的力气一定跟你努力维持自己生存所花的力气一样多。也许弗洛伊德或弗罗多也在附近，随时准备帮你一把。

1973年圣诞节早晨，你为当时还在贡贝的我带来了欢乐。我走出门外，看到你们母子两个正在阳光中嬉戏，离我的小屋只有不到十英尺。这比圣诞老人更让人开心！你和弗洛伊德欢快嬉戏的情景影响了我，在以后的岁月里，我有意识地花大量时间与我的两个儿子玩摔跤、拥抱或只是简单地待在一起。我尽力保持耐心，尽力去理解他们时不时的撒野。很多时候，我们的家更像一片丛林，而不是一个供两足灵长类动物居住的文明居所。

上个月，我听到你失踪的消息后，从身为医生、父亲和丈夫的忙碌中暂时抽出身来，默默怀念你。我一直特别渴望在你辞世前再见你一面，再次恢复与你的联系，看看自从上次见到你之后的这三十年里我们各自的改变。没有人知道你是如何去世的，去世时又有谁在身边。

对很多人来说，你是一个传说。对我来说，你是一个英雄。我有一次见到你时，你正朝着上方营地的方向大步走，弗洛伊德紧紧地搭在你身上。我会永远记住你当时的活力和本领。当时我就觉得，你肯定还能活上个几十年。

我希望你的后代能像你一样，一代代地在贡贝的森林中茁壮成长。我曾在野外环境中研究你，这是我永远不会忘记的荣幸。我想大多数人做梦都想不到从一个生活在野外的十五岁黑猩猩母亲身上能学到什么生活本领，但我本人就是个活生生的例子。

衷心致意

你的兄弟　约翰

这么做似乎很傻，但写这封信能减轻我的悲伤。我需要纾解自己的情绪，写信似乎是个好方式。现在，我再次回到贡贝之后，另一种减轻悲伤的方式是观察菲菲的两个儿子：三十九岁的弗洛伊德和四十四岁的弗罗多。这次见识过弗罗多的成功捕猎后，我意识到尽管他上了年纪，他做雄性首领时期的余威仍在。这使我想到了他的母亲菲菲抚养九个后代所展现出的惊人韧性。

弗洛伊德是唯一一只我在1973年就见过、在2009年再次见到的黑猩猩。第二次见到他时，来贡贝营地时间较短的一个员工笑着问我："隔了三十六年，你还认得出他吗？"

弗洛伊德坐在那儿吃东西的时候，我仔细盯着他的面孔。年轻的弗洛伊德抓着藤蔓晃悠、和葛姆林一块儿嬉戏的情景又在我脑海中闪现。突然之间，一切都变得清晰了：姿态、表情、面部特征、小动作——这些用来分辨不同的人类的因素同样可以用来分辨不同的黑猩猩。"是的。"我带着喜悦回答。如果仔细观察，无论他混杂在哪一队黑猩猩当中，我大概都能把他认出来。

通过这次贡贝之旅中对弗罗多和弗洛伊德的观察，从这两只从容自信的黑猩猩身上，我能看到他们从母亲那里继承来的能力和智慧。尽管目前我们还不知道遗传因素和环境因素分别能在多大程度上决定个体的教养，但我确信，菲菲出色的育儿本领对其后代的成功起到了至关重要的作用。

现在，坐在山峰上，我最后一次凝望着眼前的山谷。将近半个世纪之前，珍妮也曾坐在这里，耐心地等待着黑猩猩族群接受她的存在。我觉得内心十分完满（用斯瓦希里语说就是"nimeshiba"），也准备好同汤米和阿卜杜勒一块儿离开这座山峰了。我们朝下方的森林走去。对菲菲的生命以及她给我的启示做了一番思索后，我感到既平静，又充满活力。我们一路走，一路欣赏着凯瑟克拉谷的景色。我对汤米讲起一件往事。

"有一天我休息时，我看到菲菲出现在靠近湖岸的一个小屋附近。"我解释说，"黑猩猩一般只在上方的山谷中活动，她却出现在了这里！小屋的窗户本该是保持封闭的，那天却开着一个口。菲菲抓了一件格子衬衫出来，那是属于某个学生的。"汤米大笑起来。阿卜杜勒也发出咯咯的笑声。

"菲菲先是把那件衬衫搭在背上，她就那样走了一会儿，之后又用它跟弗洛伊德玩起了拔河。"想起当时的情景，我也忍不住笑了起来，"随后她又把衬衫塞进嘴里嚼。她一路拖着这件衬衫，直到返回山谷的途中把它丢掉。"

汤米说："哎呀！幸亏那不是你的衬衫！"

我说："我倒是希望那是我的。这样一来，你小的时候，我还能把它拿给你看看，并把这只名叫菲菲的传奇黑猩猩与儿子玩拔河的情景讲给你听。她与儿子拔河时，口水不停地淌到衬衣上。"

"了不起的老菲菲！"我的儿子说道，脸上挂满笑容。

第十七章

找到自身位置

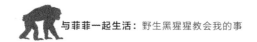

当天，汤米、阿卜杜勒和我经过了好几个山谷，观察了几队不同的黑猩猩，还在珍妮待过的山峰上逗留了一个小时。但下午六点钟的时候，我们连一只可以跟踪并观察其筑窝的黑猩猩也找不到了。太阳渐渐朝着地平线沉落，阿卜杜勒和我都明白，如果我们还想成功观察黑猩猩是如何为过夜而筑窝的，我们必须迅速行动，这样才有可能跟得上某支黑猩猩的队伍。

我真的很希望汤米能亲眼看到黑猩猩筑窝的过程。黑猩猩在这一关乎其生存的活动中展现了非凡的专注力和创造力。这也体现了他们出色的智力。将树上的树枝编织成中空而富有弹性的平台是一项了不起的本领。有时，黑猩猩也会对原先就有的树窝加以改造。但无论是新造的树窝还是原先就有的树窝，构成树窝的树枝都会继续生长。黑猩猩的筑窝活动对森林的影响微乎其微。

阿卜杜勒领着我们快速穿过灌木丛。我对汤米说："一定要仔细观察周围。"我有点焦虑——万一我们再次错过了这么重要的黑猩猩活动怎么办？

很快，我们听到了山峰下方的森林中回荡的黑猩猩喘叫声。我们停下脚步，四下打量，却看不到黑猩猩。"Twende！"阿卜杜勒命令道，"我们去那边！"

我们开始以奔跑的速度跌跌撞撞地越过山谷。在这次一路狂奔穿越丛林的过程中，最艰难的部分莫过于一边避开较低的枝丫，一边攀爬一道陡峭的山坡。别管什么曼巴蛇了：我们必须紧盯着前方，以免被灌木或树枝擦伤。汤米在笑，我看着他的背影离我越来越远：他似乎很享受此刻的紧张气氛。

四十五分钟之后，阿卜杜勒和汤米已经肩并肩地站在终点，而我还在他们后面五十码远的地方，生怕自己会迷失方向。终于登上山顶之后，我气喘吁吁，一句话也说不出来。汤米给了我一个灿烂的笑容，阿卜杜勒对我竖起了大拇指。我们发现周围有十五只黑猩猩，有的在地上，有的在树上，有些离我们只有十英尺远。要不是我已经喘不上气了，我一定会长长地舒一口气。

我和汤米看着阿卜杜勒，不知道下一步该怎么办。阿卜杜勒小声说："原地不动。"恰在这时，一位年轻男性研究员也抵达了这里，在草丛中坐下，观察着黑猩猩。他行动时悄无声息，十分小心，为的是尽量与周遭的环境融为一体。

我抬头看时，只见二十岁的帕克斯就在我正上方的树枝上。随后弗罗多迈着大步从我身边经过，差点碰到我。我觉得脊背一阵发凉。弗罗多在离我十五英尺远的地方背靠着一根树干坐了下来。我们无意中闯入了黑猩猩的聚集地，但他们对我们似乎毫不在意。这队黑猩猩依然不停地发出喘叫声，并开始朝别的地方转移，以寻找适合筑窝的树木。

"你觉得怎么样？"我问汤米。他看上去完全被迷住了。

"太棒了。"他回答说，眼睛依然紧紧地盯着弗罗多。

另一只雄性黑猩猩离我们不到五英尺的地方，开始丈量一棵树。他用手环抱住树干，用双脚向上攀爬。

"他这是在筑窝吗？"汤米问道。

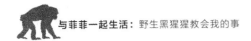

阿卜杜勒回答说："也许是。但也许只是想观察一下附近有没有别的黑猩猩。"

弗洛伊德逐渐脱离了队伍，我们在他后面慢慢地跟踪他。后来我们在半山腰停下来观看一只名叫宙斯的十九岁黑猩猩精心构筑自己过夜的树窝。他的位置足足高出地面二十英尺，但由于我们是站在高高的山坡上，依然能够平视他。这个角度太棒了。我们静静地观察着宙斯用手将树枝编织到一起，再用脚踩实。他时不时地会向后仰起身子打量一下越来越完整的树窝，做些适当的补充和调整。

从汤米当晚的日志里，我体会到了他对当天我们所见的场景的感触：

太阳已经很低，但枝叶间仍然闪烁着橘黄色的光。从坦噶尼喀湖吹来的轻柔而舒爽的微风送来阵阵凉意。一队黑猩猩，大约有十五只，正在进行他们惯常的晚间项目：休息、抓痒、爬到高高的树上去摘水果。爸爸、我们的向导、一名研究员在苍茫暮色里站在这群黑猩猩中间，满怀敬畏，一动也不敢动。一只黑猩猩从小路上慢慢朝我走来。他经过我的时候，身子擦到了我的腿——是无意呢，还是一种欢迎？——然后继续朝附近的休息处走去。有的黑猩猩在为自己的同伴梳理毛发，其他的则只是在休息。

天色渐渐暗淡，黑猩猩慢慢开始行动。他们一只只地选好了自己的树，爬到约二十英尺高的地方，把树枝弄弯——这是黑猩猩每晚都要做的事。多数黑猩猩都在我们的视线之外忙碌。我们能直接看到的只有一只名叫宙斯的黑猩猩，他在一棵较低的树上筑窝。他很细致，对待每一根弄弯的树枝都很认真。

又过了大约十分钟，宙斯对他筑的树窝已经感到满意，于是便滚了进去，好舒展一下四肢。别的黑猩猩的窝也逐渐筑好了。宙斯不断发出叫声，不同于白天听到的那种焦躁的啸叫，宙斯的叫声音量虽然很高，但听上去很柔和。其他的黑猩猩也温柔地回应着他。空气中洋溢着这种亲切的对话。

终于，一切都平静下来。我们必须在天黑之前离开这里，返回营地。我离开时，希望自己能将在这个黑猩猩族群体验到的宁静和愉悦也一并带走。

等他们都安顿下来之后，汤米和我离开了宙斯和在这里过夜的其他黑猩猩，同阿卜杜勒一起朝湖岸走去。在北面，我们能看到远处湖上的渔船。温和的晚风吹拂着我们。当年我在贡贝的时候，一天中最喜欢就是这个时刻。路边一个灌木丛中的水果正在成熟，汤米和阿卜杜勒钻进去摘。我独自凝望着湖面。我回忆起了当年我在汤米这个年纪时在贡贝的一幕幕：在湖中游泳、乘船去市里、一天的辛苦工作结束后观赏落日。

这样的时刻本应使我伤感。很多东西都变了。我不再是一个天真冲动的年轻人，珍妮和格鲁伯此刻并不在湖岸上，很多我认识的田野工作者都已经退休了。但我决心把注意力集中于此时此地，而不是回顾过去。我看着汤米和阿卜杜勒在灌木丛中仔细搜寻，品尝着他们发现的成熟果实；倾听着湖畔的小鸟发出的啼鸣；观望着在落日中变幻

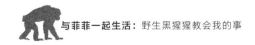

着色彩的天空。

正如我当年做学生时在贡贝的最后几个月一样，现在的我同样是更大的环境的一部分。我不想控制或引导我周围的世界。正相反，我把自己视作一个客人。我有幸来到这个动物王国，并被动物所容许。在湖岸上，我审视的不仅是黑猩猩的世界，还有儿子和我自己的世界。

我父亲曾在两家不同的公司担任过行政职务。我见过这些职务赋予他的动力，也见过随职务而来的压力。这与斐刚、弗洛伊德和弗罗多为成为族群内的一号人物而经历的东西很相似。尽管由于我相对拘谨的个性，并没有遇上成为雄性首领要面对的挑战，但我意识到，从小时候起，拥有雄心壮志就是我个性的一部分。我希望能为社会做出重要贡献，但是是以低调的方式。读高中时，我很用功。对我来说，在校表现良好很重要。但我对体育、小报甚至乐队都不感兴趣。因此父亲鼓励我去竞选校内的领导职位。当时唯一一个我的朋友们都不去竞争的职位是学生组织的主席。因此，尽管我心里不情愿，还是参加了竞选。这种程度的竞争超出了我的舒适区。我没有真正的平台，但我制作了一些艺术性很强的竞选海报。出乎我的意料，我竟然赢了。

或许我有点像心思灵活的麦克。他成为雄性首领靠的不是战斗，而是敲打煤油桶吓唬其他黑猩猩。毕竟，我能战胜对手靠的或许也是自己制作的那些兼具艺术感和幽默感的竞选海报。我的竞争者中有一位是辩论高手，他懂得如何以强势坚决的姿态发表演讲。但或许我更为柔和的风格反而赢得了同学们的信任。我没有刻意朝学生组织主席的标准人设看齐，但我展现了别的风格，我的同龄人也对这些风格给予了积极回应。这是一次有益的经验——它让我知道，即便我是个天性不喜欢竞争的人，我依然能在竞争性的环境中获得成功。我有其他的优势可以利用。那个学生组织主席的职位带给我很多乐趣，在我任职期间，我持续将创意和包容融入这一组织之中。

在贡贝对黑猩猩族群的观察使我意识到，我对做出一番事业的执着追求或许与我在父亲和黑猩猩斐刚身上见到的基因有关。即便是在族群中并没有很高地位的黑猩猩——不论雄性还是雌性——在追求其他目标时同样具有很高的动机。举例来说，黑猩猩法本似乎执着于将自己的弟弟推上族群领袖的高位及协助他在捕猎活动中取得成功。他追求的是支持性的角色。

在如何成为一个好家长方面，我的母亲对我影响巨大，堪称楷模。和我一样，她也不属于竞争性人格。她非常敏感，总是知道我们需要什么。在我们生病或遭遇挫折的时候，她总会抚慰我们，让我们感到安心。我十岁那年，玩滑板车时撞到了人行道的边沿，摔断了胳膊。我的母亲镇定地向邻居们求助，将我送到医院。在急诊室里，她全程陪护在我身边，向我解释当时情况，始终没有流露出焦虑的情绪。她慈爱而又从容的风度让家里的每个人都有种安全感。这种安全感对我是一种绵绵不绝的馈赠。母亲对我们的身心状态似有感应，菲菲某些最好的育儿方式——关切、耐心和鼓励——她同样也有。

作为一个父亲，我希望将这种自信传递给汤米和帕特里克。作为一名医生，他们身体上任何细微的变化都会让我警觉——或许我有点小题大做了。他们小时候，偶尔得了轻微的感冒，我却担心这是严重感染的症状。我尽量把这些担忧——和别的疑虑——都留给自己承

担。正如天下父母都知道的那样，这个世界似乎处处充满危险。每个尖锐的桌角、每个滚烫茶杯都潜伏着伤害。

然而两次去贡贝，置身于森林当中，我并没有像我原先所认为的那样忧心忡忡。一旦自然界动植物的韵律成了你的镜子，你也将更为安心。面对伤害、困境和疾病，有机体所展现的疗愈和适应力是惊人的。简单说来，下雨的时候，你知道自己会淋湿，但你同样知道身上的雨水最终会蒸发。这次旅行，我很高兴看到汤米能够从容地面对他遇到的一系列新事物：新环境、新面孔、新生物和新语言。

暮色之中，站在古老的坦噶尼喀湖畔，我体会到了深深的满足。在与自己最亲近的亲属一起探索森林的同时，又能时时看到汤米和阿卜杜勒的互动，这让我的内心更为宁静。领悟到自己在宏观的进化图景中的位置，对我而言是种安慰。我和儿子都是绵延久长的进化故事中小小的环节，这样的念头让我安心，使我觉得自己比以往任何时候都与黑猩猩更亲近。森林的精神在我心中再次复活了。我知道我将把森林的智慧带回家，并以更为深刻的方式将其融入我的生活和职业中。

我意识到，过去的每一天，和汤米一起在森林里穿行时，汤米和我都体验到了与大自然的联系，体验到了一个更为野性的世界。正如我第一次来贡贝时那样，这次我也一直在思索如何将这种原始风情融入我在西雅图的生活当中。我跟汤米开玩笑说，或许可以在我的候诊室里种上几棵小棕榈树，再在旁边种上草或一些大型蕨类植物。事实上，与诊所别的同事的办公室相比，我办公室里的植物确实要多得多。但那一刻，贡贝和西雅图似乎那么遥远。我知道当我回到故乡之后，我依然能去喀斯喀特山感受自然风光，权当一种逃避；我也依然能在白日梦里缅想非洲丛林。但此时此刻，我只想知道我还能获得什么样的感悟——我这趟贡贝之旅中，我能带什么回家？

第十八章

林中感悟：野生
黑猩猩如何让我
成为更好的父亲

　　我们在森林中找到了那块水泥板。看到它时，我心里一沉。我本想再问一问，但我很确定就是这里——我清楚地记得我住过八个月的地方。我有点希望原来的小屋依旧还在。我用沉重的语气说："好吧，这里就是我曾经的小屋。"阿卜杜勒、汤米和我站在那里，低头看着那块脏兮兮的、长十二英尺、宽十英尺的长方形水泥板。它让我想起乡下被废弃的屋子，四周被杂草和灌木所包围，墙壁也荡然无存。又像古老的石头废墟。

　　这是我们在贡贝的第四天。同汤米和阿卜杜勒一起进行的另外一次林中徒步结束后，我对阿卜杜勒说，我特别想再去看看我做学生研究员时住过的小屋。于是他领着我们踏上了通往黑猩猩聚集地的小路。我们要在森林里走上十五分钟才能抵达那里。在路上，阿卜杜勒对我说："你应该知道，现在森林里已经没有供研究员居住的小屋了。管理方认为所有人都应该住在湖岸边上，离黑猩猩远一点。"这是为了减少人类活动对黑猩猩行为的影响，同样也是出于对营地员工安全的考虑。1975 年 5 月，孤零零地居住在森林小屋里的学生研究员曾遭到绑架。贡贝黑猩猩研究中心的运作在遵循坦桑尼亚国家公园的规章制度的同时，也体现着当地的风俗习惯，那就是，住在靠近邻居的地方才安全。尽管如此，当我意识到当初我住过的那间用茅草和铝合金搭建的、能望得见湖水的小屋已经消失时，心里还是有点难过。

　　我哀伤地注视着小屋的地板。我满心想着能够再次走进小屋，在桌子旁坐下，甚至写一封信回家——我也满心希望汤米能看一看我的小屋。我走到那块水泥板上，透过藤蔓和低垂的树枝间的缝隙朝着坦噶尼喀湖张望。我想起来了，当年从小屋的窗向外看，也是同样的视野。

阿卜杜勒也跟我一块儿站到了水泥板上。他问我："那时候你睡在哪里呢？"我走到当年放床的地方，将门和窗的位置指给他看。

随后，我又迈过水泥板，回到原先窗户的位置，张开双臂对阿卜杜勒和汤米解释说："我的桌子就放在这儿。每天晚上，我都会坐在这里完成报告，给我父母写信。"向他们描述当年我阅读和写作时用来照明的蜡烛时，我意识到，回忆当年的情形又让我变得有些激动。

汤米在水泥板上来回走动，从想象的门和窗户间朝外看。阿卜杜勒说："有意思。你住在这里的八个月里，条件可真简陋。"想到现在住在湖边的研究员的居住条件，我点了点头，不由得咯咯笑出了声。他们的屋子里连平板电视都有。

小屋本身已经不存在了，但令我欣慰的是，汤米对我那时的生活毕竟有了更为清晰的认识。当时我就住在这个几乎与文明隔绝的地方。从晚上回到小屋直到第二天早晨，我都是孤身一人。

跟汤米一起站在我当年小屋的旧址上，我再一次深深地体会到了我与童年的汤米之间的联系。看着我儿子年轻而充满好奇的面孔，我想起了他年纪尚小时，我在睡前对他讲述我在贡贝的经历的情景。

当晚，汤米记下了他拜访小屋旧址的感想：

> 根据我见过的图片和听过的故事在脑中重建父亲住过的小屋，让我有种复杂的感觉。我曾经对这种避世而居的生活有过浪

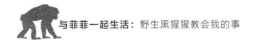

漫化的想象。我读大二的第一学期，唯一能自由阅读的书就是梭罗的《瓦尔登湖》。回顾这本书前五十页的内容，我自然会认为，离开了喧嚣的消费主义，我们将感受到更深刻的精神和道德力量。体验人类的基本属性——在危险中求生，寻找食物和水——以及面对天气的变化无常、月相的更迭、死亡和腐朽——难道不会重新唤醒我们某些在现代生活中似乎已经失去的原始力量吗？

但随后我想起了爸爸对我讲过的一件事。有天晚上他回到小屋时，看到天花板上垂着一条绿曼巴蛇。除开毒液和利齿的威胁，这里的生活该是多么孤独啊！在这里，人际交流仅维持在最低程度，你无法走几步或打个电话就能见到邻居和朋友。突然离开大家都像养殖场里的动物般挤在一起的大学宿舍，来到与世隔绝的坦桑尼亚山脚下的丛林，对我来说这绝对是件惊悚的事。但爸爸就经历过这种转变。他再次去拜访自己原先居住的小屋时，流露出的情绪只有愉快。因此，我也情不自禁地对野外生活浪漫化的一面生出了几分好感。

在这之后，我们三个人在林中徒步时，我认识到我目前居住的小屋，也就是我在西雅图的家，在某种程度上也受到了贡贝的启发。我们的孩子降生时，为了更适应这些活跃的灵长类动物幼崽，我自然对我们的房屋做了一番改造。我的妻子为屋子增添了一些更为细腻的室内装饰，而我的男孩们不可避免地为屋子带来了自己的印记——例如他们贴在卧室天花板上的夜光星图。

我们的后院包括一小片邻近的林地。我们在那里建了两座树屋，

上图：我在位于西雅图的办公室里准备接诊下一位病人。照片提供：约翰·克洛克，2007

下图：我的儿子帕特里克从蹦床上弹跳到空中，想降落到我们的床上。摄影：约翰·克洛克，2007

上图：时隔三十六年，与哈米斯在贡贝的海滩上重逢。摄影：托马斯·克洛克，2009

下图：汤米和我在"珍妮峰"上沉思。摄影：阿卜杜勒·纳塔度，2009

哈米斯一直保存着这张摄于1973年的照片，并在2009年时交还给了我。照片提供：约翰·克洛克，1973

上图：我重返贡贝后，汤米和我在林间小道上撞见的第一队黑猩猩。当时他们正在梳理毛发。摄影：约翰·克洛克，2009

下图：黑猩猩幼崽从母亲口中拿回奶苹果。摄影：约翰·克洛克，2009

上图：正在接受雄性黑猩猩抚摸的黑猩猩母亲及幼崽。来自雄性的抚摸可使她们安心。

下图：利用水桶炫耀武力的雄性黑猩猩。

上图：步入 39 岁暮年的黑猩猩弗洛伊德。放松过后，他将在头顶上方的树上开始筑巢。

下图：汤米和阿卜杜勒在去布贡戈村的路上。摄影：约翰·克洛克，2009

右图：母与子。拜访哈米斯时摄于布贡戈村。摄影：约翰·克洛克，2009

下图：哈米斯与斐刚、汤米、我及哈米斯大家族的成员在布贡戈村。摄影：阿卜杜勒·纳塔度，2009

上图：一队坦桑尼亚妇女和孩子在去布贡
戈村的路上。摄影：托马斯·克洛克，
2009

右图：湖上的风力运输：从基戈马市归航
的手工帆船。摄影：约翰·克洛克，2009

架设了三个绳秋千。我在贡贝见过幼年时的弗洛伊德在高高的树枝间炫技，也希望自己的孩子体验一下树上的生活。

在我们的居室内部，我们的卧室天花板很高，于是，它被当成了一个篮球场——白天放着可移动式篮球筐，晚上又是妻子和我的"窝"。我们的家庭起居室同时又是运动室和舞蹈室。与我们分享家庭起居室的有我家养的狗、鱼和小鸟。由于妻子的音乐才能——歌唱、键盘乐和吉他——和汤米的架子鼓装备，再加上一条为玩滑板和篮球而建的车道，我们家成了当地青少年活动中心，经常举办各种各样的活动。到七岁时，帕特里克为我家带来了霹雳舞、宠物猪、弓箭和他十分着迷的乐高。由于他比汤米要小上差不多十一岁，他总会玩一些他的大哥哥玩过的活动，比如说在邻居家的孩子来我们家院子玩时，他会当起"孩子王"，领着大家玩秋千。

尽管我家中多数时候充满活跃而富有创意的喧闹气氛，我们吃晚餐时却很安静，通常也会一起享受晚间的放松时光。卧室墙上被篮球撞出的痕迹和家具上的坑坑点点都是愉快的记号，提醒着儿子们小时候与我们共度的岁月。我尽力不去在意居室环境的凌乱和孩子们造成的损坏。我想，菲菲会因此而为我感到骄傲。

我的育儿方式更多地融合了母亲和菲菲的育儿风格，但碰到棘手的情况，我也会采取我父亲的权威型手段。我记得我不得不对三岁的帕特里克采取"暂时隔离"的管教措施时，劝说和甜言蜜语一点用也没有，因为他实在太调皮了。于是我只好一把把他抓起来。他的尖叫声几乎快把我的耳膜都刺破了，但我还是牢牢地把他固定住，直到"暂时隔离"结束。我很讨厌用强力制服他的感觉，但我这么做的时候，脑中想着黑猩猩斐刚展示自己的坚强领导力的情形。那一刻我意识到，作为一个男性和一家之主，我必须体现出权威和领导力——这也是生命秩序的一部分。帕特里克似乎也懂得这一点。幸运的是，从那之后我再也无须这样对待他。

或许是出于对我自己严苛的成长环境的逆反——又或许是受到菲菲的育儿风格的影响——我对待自己的儿子较为宽松。有时候他们吃饭的方式很不文雅，经常在家里不同的房间打闹嬉戏，但我会用自己对灵长类动物本性的了解来对他们的行为做出合理化解释。我们会选购比较结实的家具，并会提醒他们，去朋友家里做客时，要收敛一下自己的野性。他们荡秋千或是在地下室里玩吉他、打鼓时，整间屋子和居住的社区都能听到他们的喧闹声。在非洲森林里，斐刚也曾用四肢拍打树干，演奏自己的"交响乐"。数数架子鼓上脚踏板的数量，就会知道汤米用在两只脚上的力气差不多跟四肢并用的斐刚差不多。这无论对汤米还是对斐刚都是再自然不过的事。

回顾过去，也许我家应该多一点秩序和安静。但在当时，我觉得最重要的就是在儿子们的成长过程中为他们提供情感支持。我的角色不是教他们如何使用电脑或说西班牙语。他们七岁的时候，在这两方面都已经超过我了。在育儿上，我的妻子温迪承担了其他的关键角色，并引导儿子们去接触音乐和文学。当他们需要倾诉时，她总是会做一个倾听者。

孩子们进入青春期之后，我们夫妻两个都盼着他们收拾自己杂乱的房间时能更尽心一点。但有次我们参加了一名青少年行为专家举办的讲座。她提醒我们："要选择你的战斗。而让你们的孩子自己保持房间干净可能不是你们最重要的战斗。"所以，在他们注定反复无常的青少年时期，我们同意让他们保持自己的房门关闭。温迪每个月会检查一次他们的房间，以确保没有什么值得警戒的苗头。我们也会告诉他们，当他们成年后或跟别人合住时，需要更文明、更整洁一点。

作为一个父亲、一个医生、一个黑猩猩观察员，我的另一个领悟是"宣泄"的重要性。斐刚和萨坦炫耀力量的时候，我觉得自己脚下的大地都在颤抖。他们气势汹汹地走过我身边时，我能看得出，他们其实是借助这种夸张的行为来释放自己体内积存的肾上腺素。在贡贝的瀑布附近，飞流直下的水瀑撞击岩石发出隆隆的巨响，这似乎也对黑猩猩的攻击行为有一定刺激作用。在1974年的特大暴雨中，黑猩猩们攀着树枝荡来荡去，把棕榈叶到处扔，看上去犹如在表演史前的祈雨舞。我第二次访问贡贝时，汤米和阿卜杜勒会不由自主地有一些类似的表现。或许因为他们知道雄性黑猩猩到达瀑布附近后往往会炫耀力量。对人类来说，这类反应既自然又典型。我不禁又想起我们人类种族与黑猩猩是多么相似，忍不住笑了起来。

我同样也开始欣赏我的儿子们天性中体贴、感性的一面。探望过我曾经居住的小屋的遗址之后，我们转身往营地走去。在路上，汤米说："你还记得关于黑猩猩树窝的那个故事吗？以前你总是讲给我和帕特里克听。"我的确对他们讲过这个根据我的真实经历编成的故事。在贡贝当学生研究员时，某天晚上，我在黑猩猩的树窝里睡了一夜：

夕阳开始落山了，我知道我必须在天黑之前赶快找到一个位于树端的树窝。幸运的是，我确实找到了。它在树干上方不太高

的地方。我小心翼翼地攀爬到树上，慢慢地爬过粗壮的树干，终于在天黑之前躺在了树窝里。此刻，黑猩猩离我很远，但我能听得到他们对彼此的呼唤。这是他们在各自的窝里安顿下来之后互道晚安。

不幸的是，我找到的树窝是十个星期前由十岁大的葛布林搭建的。对我来说它有点太小了，躺在里面很不舒服。另外，躺在差不多有四十英尺高的树上，与其他人类和黑猩猩隔着遥远的距离，我感到很孤独。

一天晚上，五岁的帕特里克对这个故事做了一些补充：

然后，一只失去母亲的黑猩猩幼崽还以为你是一只黑猩猩，于是爬到了你身边。这只小小的黑猩猩同你做着伴，依偎在你身边。你给他温暖和保护。

帕特里克怀着赤诚虚构了这一情节。看着他小小的真诚的面孔，我深受触动：对他来说，这个故事最吓人的部分不是我有可能从树上摔下来，而是我感到孤独。于是，他想象出了另一个受惊而孤独的灵长类动物，并让他找到我。这样一来，我们两个就都能得到慰藉。

从那之后，我便一直沿着帕特里克补充的情节将这个故事一路扩充下去，将它转变为一个情真意切的、完整的虚构作品：

第二天，这只名叫普卢福的黑猩猩幼崽在我肚子上跳上跳下，想把我弄醒。他想让我帮他找到自己的母亲帕森。我爬下树干，普卢福贴着我的上身，就像我以前的黑猩猩朋友巴布一样。

我们在森林里寻找帕森的时候，强壮的黑猩猩斐刚听到了我们的声响。斐刚气势汹汹地炫耀了一把自己的力量。普卢福被吓得不得了，他紧紧地抓着我，几乎把我的肋骨都折断了。我们躲在灌木丛中，直到斐刚离开后，才重新出发去找寻帕森。

终于，我们找到了帕森。与其他黑猩猩母亲相比，帕森对待孩子是出了名的不上心。即便是这样，她见到普卢福时，还是朝他跑了过去，紧紧抱住了他。他们母子两个一起朝森林深处走去，而我则返回营地去找我的学生研究员同事和田野助手。

真实的情况却是，我待在树窝中的那个夜里，多数时候我又怕、又冷、又不舒服，翻来覆去睡不着。除开看着夕阳一点点沉入坦噶尼喀湖的头半个小时，我待在树窝里的其他时间一点都没体会到探险的浪漫感。大部分时间都挺糟糕。后来我花了两天时间才从缺觉和脖子酸疼的不适中恢复过来。我再也没有重复过这样的经历。

我希望能更深刻地体验与黑猩猩的联系，方法就是在黑猩猩的领地上完整地待上一夜，体验一次从日落到次日日出的完整周期。我希望能晃晃悠悠地躺在高悬于地面之上的树窝里，听风声吹过枝叶。我希望看到星辰；当明亮的天光渐渐变为黑暗，我希望注视着坦噶尼喀湖一点点隐没。我希望体验森林的神秘，在从灌木丛中时不时传来的野猪的哼声中、在蟋蟀永无休止的合唱中。每个夜晚，当黑猩猩都躺在各自的树窝中，我不得不离开他们时，我都有点难过。我每晚都要

返回湖畔的营地与其他的人类会合，但我很想念黑猩猩。我希望成为他们族群的一部分，哪怕仅仅一晚也好。我希望第二天在晨光、鸟鸣和猩猩的叫声中醒来。

我依然能在心里回忆起那晚"树窝探险"的奇妙，正如我也在脑中记得当时严酷的现实。在把这个故事讲给我的儿子听时，我会把动人的回忆和现实的艰苦都告诉他们。他们会赋予这些故事更多感情，甚至会试着安慰我。

在我的记忆里，我讲给儿子听的睡前故事，我与黑猩猩巴布、菲菲和我妻子的关系有一个共同的主题，那就是"心灵"。在贡贝的森林中，我找到了灵性；在我与贡贝和家乡的人以及黑猩猩建立的联系中，我获得了情感上的满足。这些关系持续影响着我的生命。

因此，当我跟在阿卜杜勒和汤米后面朝营地走时，我再次举"杯"向珍妮致敬，为她对自己信念的坚持：她没有听从当时很多科学界人士对她的劝告，以数字为她早年研究的黑猩猩编号，而是给了他们名字。将这些黑猩猩的生命完整地呈现给公众非常重要。这样一来，世界才能看到真实的黑猩猩——他们才能既长存于人们的心中，又长存于人们的脑中。对我个人来说，如果我在向我的孩子讲述黑猩猩在森林中的日常活动时，用"黑猩猩 37 号"或"黑猩猩 42 号"这样的称呼来描述他们，那只会毁了我的睡前故事。

我推测多数父母都会仿照自己父母的行事风格。父母是我们最重要的榜样。但我也发现，在做父母这条复杂（有时令人沮丧）的路上，让孩子见识一下近亲家庭之外的榜样也很重要。对青少年和早期成人来说尤其如此。我小时候，祖父是我一个重要的榜样。我二十多岁时，很幸运地遇到了斐刚、菲菲和珍妮，并得以观察他们抚育后代的方式。他们让我懂得了稍稍放手的意义，也让我理解了人性中的野性一面——如果不是遇到他们，我可能永远做不到这一点。我懂得了如何以更富活力、更开放的方式融入家庭生活。如果没有这些榜样，我家或许也一样会生动活泼，但可能不会有这么多欢乐。

第十九章

少有人走的路：
布贡戈村

汤米和我穿过凯瑟克拉谷，静静地走在前往布贡戈村的路上。我们要去哈米斯家。这是我们在贡贝的第十五天。我们脚下的小路犹如人生之路：蜿蜒曲折，陡峭起伏。有的地段很安稳，有的地段很危险，半山腰的那段路铺着凌乱的碎石。一路上经过意想不到的地方，有时会遇上意想不到的人。小路的某些路段很枯燥无聊，道路呈浅棕色；但在靠近布贡戈村的肥沃山谷中则景色繁丽，道路也变成了棕红色。

陪伴我和汤米的是阿卜杜勒，还有卢度，一个十九岁的渔夫。贡贝河国家公园的负责人派他来为我们的行程提供协助。我们四个人先要登上五千英尺高的裂谷山顶峰，然后一路向东，下降到国家公园范围之外的肥沃山谷中，再徒步翻越几座小山丘，才能抵达哈米斯的村庄。他在那里长大，如今和他的妻子、儿子及孙子住在一起。我希望我在那里也能见到以前我做学生时跟我一起共事的田野助手们。当天晚些时候，我们就要动身返回营地。整趟行程堪比一场山地半程马拉松。

让我惊讶的是汤米和我在这里显得如此违和。我们要去的地方是一个偏僻的非洲村庄，我们所走的是只有当地人才走的小路。我们的同伴是两个坦桑尼亚人，虽然我们很喜欢他们，但我们认识他们也就十几天的事。

能与汤米分享这一经历让我觉得很高兴。因为我知道，能在年轻时走一条"少有人走的路"对他而言也将是件很有意义的事。他在家乡的很多朋友祖籍在不同的国家，我们作为家人一块儿旅行或出差时，他也很享受跨文化交际的过程。或许此刻我们在这里并不像我认为的那样"违和"。

走在路上的时候，我对汤米说："关于这次对哈米斯的拜访，我想了很多。我不知道村里的其他人对我们的来访会怎么看。我知道哈米斯肯定很期待我们去。但我不知道突然出现在家门口的两个白人和其他两个陌生的坦桑尼亚人会不会让哈米斯家族的其他人感到不舒服。"我第一次去拜访哈米斯时，去的只有哈米斯和我，接待我们的只有哈米斯的父母。

汤米回答说："我相信哈米斯会搞定一切的。"

后来的事实证明，这句话一点都不过分。

我是一个来自西方的中年白人医生，正和三个年龄只有我三分之一的年轻人走在非洲森林的小道上——当时，尽管我对这一事实有充分的认识，我仍然很珍惜能在阿卜杜勒和卢度的本乡本土与他们交流的机会，也很高兴我的儿子能有这么一个机会体验当地村庄的生活。我也感到我在丛林里才更为自在，因为在丛林里，我能完全摆脱早年生活加给我的束缚。在丛林里，我不用取悦别人，也不用充当和事佬；我能流露自己的真实一面，而不那么在意别人怎么看我。空气温暖潮湿，远处传来动物发出的叫声，阿卜杜勒和卢度用斯瓦希里语交谈着。这一切让我卸下了家乡文化和环境的羁绊，让我能够坦然地做回我自己。

我们快要抵达顶峰时，我发现自己在唱《飞跃彩虹》这首歌。我的视线越过枝干虬曲的树木的树冠，望向辽阔的坦噶尼喀湖。从某种

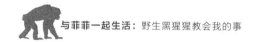

意义上说，这首歌很适合此时的情景。我们在山顶上喘了口气，欣赏了一会儿优美的风景，然后开始下山进入群山东侧的山谷。我充满探险精神的同伴们所讲的俏皮话让我笑得格外开怀。

但当我即将走入哈米斯的世界时，我变得有些紧张起来。我们走过溪流、小块的玉米和木薯田。田地里，人们正在打理庄稼。一个看起来七岁上下的男孩在一个小山坡上放羊。难以想象在美国像他这么大点的孩子能干得了这种活儿。但这个自信的小家伙手持一根长杆，脸上的神色十分坚定。看得出来，羊群对他十分服帖。我们从他下方的小路经过时，他的眼睛紧盯着羊群。

汤米像他这么大年纪时参加各种体育活动的场景在我脑中闪过。从四岁到十四岁，他每年都玩篮球、棒球和足球；后来他一年到头都在踢足球，直至他离家去上大学。作为一个父亲，我真的想回到那时候吗？我想起了当时我在行医上花费了多少时间；真希望我那时能为家庭留出更多时间。我和家人会一块儿外出野营及进行其他探险活动，但我们太忙碌了，没有更多的时间去探索自然。

想到刚才我们路过的小牧童，我不禁怀疑我和妻子是否对汤米有点保护过度了。也许我们应该让他多承担一些责任。或许就因为这个，他才会选择去离家两千五百英里之外、位于纽约州北部的科尔盖特大学读书。那里的氛围与西雅图明显不一样。或许他需要一个陌生的地方，以便真正摆脱自己的家庭氛围，独立地做自己。

布贡戈村越来越近，我更加紧张了。上次我来这个村子时，哈米斯才十七岁，跟父母一块儿住在一个小宅子里。现在他已经是一个富有智慧的祖父了，我想象不出他现在的家庭和生活是什么样子。

接近布贡戈村时，地势略有上升。我们朝布贡戈村走去，文明的迹象更多地出现在我们的视野里。小小的茅草屋掩映在树荫之中，周围是香蕉和木薯种植园。打水的女人们从我们身边走过，服装颜色十分鲜艳。很快，我们便被村子里红棕色的泥砖房和狭窄的步行小道所环绕。

冒着高温走上五个小时可不容易，但我知道，我们可以休息片刻，恢复一下体力了。阿卜杜勒安排了我们在去哈米斯家的途中与爱思洛姆见面。爱思洛姆是当年我在坦噶尼喀湖上迷失方向时，在湖岸上等我的那位田野助手。我们走近爱思洛姆家的宅院时，我的心跳得更快了。然后我便远远地瞥见了他。我在贡贝做研究员时，他是我的好朋友，也曾在我几次跟踪黑猩猩时担任我的田野助手。爱思洛姆年轻时的面孔深深地印在我的脑海里。我依然能回忆起他腼腆的笑容。

"你有什么想法？"我问汤米。

"我想象不出跟三十六年没见过面的人重聚是什么感觉。当年你们在一起时，还都是些在湖岸上无忧无虑地踢足球的单身汉呢。"

无忧无虑——当时我们差不多真的是"无忧无虑"，但仅仅跟我目前的生活相比才是如此。那个时候，我的生活似乎充满各种自我关注和担忧——但是，没错，我们生命中的率真和欢乐给了我们补偿。我现在也想再次体会一下当年无忧无虑的感觉。

我们走进了爱思洛姆家小小的泥地后院。他的大家庭加上他自己一共有十口人。他们出来迎接我们。每个人都对我们说："Karibu sana."意思是，"欢迎来到我们的家"。

女人们穿着色彩鲜艳的服饰，脸上的笑容十分亲切；鸡嘎嘎叫着跑来跑去；晾衣绳上晒着衣服；孩子们在玩耍。这一切都让我印象深刻。过去我认识的村民也纷纷赶过来看我们，很快我们就成了人群中的焦点。

爱思洛姆将我们引到他家屋里。他的房子是泥砖房，茅草屋顶，地上也是硬泥地。这家里还没有自来水和电，但从附近的水管里可以接到新鲜的泉水。我们经过厨房时，我看到三个女人正在准备饭。她们蹲在地上，用小火给食物加热，切着刚刚从菜地里摘下来的新鲜蔬菜。

把我们带进客厅时，爱思洛姆一直很安静。客厅里的大椅子和沙发坐着很舒服。他看起来很严肃，动作也有点迟缓。这次与我重逢的人里，他看起来变化最大。我记忆中他欢快活泼的表情变成了如今智慧而忧虑的面容。我不禁想知道他是否经历过很艰困的时光。

他的十个孩子里有个孩子叫斐刚，跟贡贝的那只大猩猩同名。斐刚的年纪跟汤米差不多。斐刚跟我们说："我年纪更小的时候，曾问过父亲为什么他要给我取一只大猩猩的名字。"

斐刚是个讲话很流利的人。他把父亲的斯瓦希里语翻译给我们听。他父亲给他取名为"斐刚"这一事实似乎很怪，但爱思洛姆用一只贡贝黑猩猩的名字来命名自己的后代这件事让我印象深刻。和其他很多田野助手一样，爱思洛姆为自己曾参与过贡贝的黑猩猩研究项目深感自豪。他讲到贡贝的大猩猩时，就像在讲自己的家人。

爱思洛姆用非常新鲜的鸡肉、菜园现摘的蔬菜和米饭来款待我们。吃过饭后，我们又走了一英里左右的路去哈米斯家。他家位于村边上。途中我们遇到了哈米斯的哥哥海拉力。过去，海拉力总是一副高傲的样子。如今，当我为他拍照时，他与家人站在一起，依然保持着过去的庄重神态和身姿。然而令人难过的是，几个月后我收到消息说海拉力突然去世了。死因不明，似乎是因为某种感染。

再次拜访哈米斯的家

我们终于抵达了哈米斯·马塔马的家。他立刻走出门来迎接我们，然后把他的两个妻子、他的十四个孩子中的大部分和他的孙子们召集到一块儿，把我们迎进家中。

按照很多信奉伊斯兰教的地区的习俗，吃正餐时，男人们围成一圈坐在客厅地板的手工地毯上。女人们则负责做菜、上菜，晚一点才能吃。孩子们在院子里或屋子的其他地方玩耍。但即便离我们很远，他们也流露出对我们的浓厚兴趣。有时，当我去看门廊或窗户时，能看到很多朝我们窥视的小脑袋。他们很安静，似乎也充满好奇。但仅仅远远地观望我们已经让他们很满足了。

我们从在我们之间传递的几个大罐子中自己取食吃。有道菜是滚烫的鸡肉和蔬菜，配以甜甜的、口味清淡的酱汁。木薯是在火上烤熟的，然后捶打至柔软。它很像马铃薯泥，用来代替米饭。其他的菜包括各种蔬菜，汤汁都很清淡，有股药草味儿，味道很好。只有一道菜有点辣。我正在寻思这里的水是否安全时，哈米斯从厨房端来一罐水，对我宣布说水是烧开过的。我顿时放心了，也很为他的好客而感动。

我们就坐在地毯上，谈论着我们的生活和以前认识的那些田野助手的情况。

哈米斯为大家打来饮用水，重新在男人们围成的圈子里坐下。过了一会儿，他用斯瓦希里语对我说："卢格马和亚斯尼去世了。"每个人的目光都盯着自己的脚尖，但他们纷纷点头，各自发出附和声，共同参与这场对话。

他们的对话我基本上都能听懂。但阿卜杜勒的在场无疑对我很有帮助。每当我面带疑惑地转向他时，他都会把谈话的内容翻译给我听。已经有两位原先的田野助手去世的消息让我感到非常难过。他们的面孔在我的脑海中浮现。我不理解他们怎么会分别在四十岁、四十五岁的盛年匆匆辞世。其中一位田野助手是我在贡贝做学生研究员时的好朋友。他是得艾滋病去世的。而另一位则显然是死于感染。

我之所以对这些"早逝"现象感到如此痛心，是因为我受到自身的美国文化的影响。在美国，目前男性的人均寿命是七十六岁，女性人均寿命是八十一岁。而在坦桑尼亚，男性人均寿命是五十一岁，女性人均寿命是五十四岁。与生活在哈米斯所处的文化环境中的人相比，生活在美国文化环境中的人寿命可能会足足多出四分之一。如果我是一个普通的坦桑尼亚男性，我可能七年前就已经死掉了。我接诊过的一个病人四十六岁死于淋巴瘤，这让我深感震惊和困扰。他的寿命在坦桑尼亚正是男性的平均寿命，而在我看来，他才刚刚走完人生旅途的一半。

（顺利长到成年的）野生黑猩猩的平均寿命介于三十五岁至四十岁之间，略低于珍妮二十世纪六十年代抵达坦桑尼亚时该国人的人均寿命。当年我在贡贝时敬重及成为朋友的人，如今竟有些已经溘然长逝。从跨文化、跨种族的角度理解生命让我对这一现象有了更深刻的认识。

吃完饭之后，我们走到屋外。哈米斯的家人一天中的大部分时间都是在屋外度过的。他一个看起来五岁左右的孙子似乎因残疾而无法走路。他裹着尿布坐在地上玩，脸上带着笑。哈米斯问我能不能给他拍个照。很显然，这个小男孩让他很自豪。这小孩似乎也能很好地融入自己的社群。在我们的拜访过程中，一直有人帮助他、陪他玩。

当天下午剩下的时间里，我们一直在与哈米斯的家人和他家附近的村民交流。我注意到汤米跟哈米斯的一个女儿有说有笑。她是一个少女，笑容美得超乎想象，而且有种宁静而成熟的气质。我们聚在一起拍合影时，我发现我会用胳膊环抱住某些成年女性——如哈米斯的妻子和妹妹。这么做的时候，我体会到一种亲近感。孩子们此时已经放学。这次聚会是哈米斯提前安排好的，所以他的家人都在家，而没有出去工作。汤米后来对我说，他很喜欢看当地的女人为彼此编头发的样子，也很喜欢大家坐在院子里聊天的亲近感。对他和对我来说，处于这么一个热情拥抱自己的每个成员的社群当中，就算想孤独都难。（我们没有更深入地了解是否村子里也有排斥和偏见。）

女人三五成群聚在户外。她们坐在垫子上，一边聊着天，一边享受着下午的阳光。被母亲用带子缚在背上的婴儿天真地观望着周围的活动，大一点的孩子则在嬉笑玩耍。在这里，人与人之间、人与大自然之间的联系十分紧密。他们所信仰的伊斯兰教或基督教使村民之间的情谊和凝聚力更为牢固。我没有听说过这两种共存的宗教在这里引

发过什么冲突。

与哈米斯单独交流

下午晚些时候，我冲阿卜杜勒点了点头，示意我们该走了。我与哈米斯的家人拥抱作别，然后动身出发，好在天黑之前赶回贡贝的营地。哈米斯表示他可以把我们送到一条近路上。走到那里要花一个小时。这给了我与哈米斯单独交流的时间。我原本希望在拜访他家的过程中找机会同他单独交流的。

我问起了他的孩子。哈米斯把他们的具体情况讲给我听。然后他忽然眼睛盯着地面，迟迟疑疑地对我说："我这辈子最忘不了的事就是儿子的死。他是 1994 年死的，才十八岁。他死之后，我的生活整整停滞了一年。"

婴儿夭折在坦桑尼亚几乎是不可避免的——我在贡贝当学生研究员时，坦桑尼亚的婴儿死亡率是 12%。哈米斯有两个老婆，生了十八个孩子，其中三个夭折。这在当时的坦桑尼亚并不罕见。但他十八岁儿子的死对他是个沉重的打击。他深陷于悲痛之中。他无法理解为什么会发生这种事。

哈米斯继续说道："从他死亡的症状来看很像霍乱。但当时我并不相信是霍乱。我认为是有人对他施了黑魔法或是伏都教的巫术。我特别爱这个孩子。因为他的时间全花在上学和在田地里干活儿上。我觉得他一定能在将来助我一臂之力。但我的命没那么好。我这辈子永远忘不了的，也就这么一件事了。"

我尽力去理解哈米斯所承受的丧子之痛，同时不禁想起了我童年时最好的朋友的母亲。伊斯尔把自己所有的爱都奉献给了自己的独子艾利克斯。艾利克斯在二十一岁那年死于车祸。当时一辆汽车撞上了他开的那辆高高的敞门式送货车。他当场死亡。他本来应该在事故发生前一周就辞职了，但由于一个同事病了，他出于好心才继续多干一周。伊斯尔的精神受到了重创，她无法适应没有孩子的生活。我每年去她家拜访她时，她都会难以抑制地哭泣。

就这样过了二十多年之后，她迎接我时脸上终于有了笑容。她告诉我她做了一个梦。因为这个梦，她的生活才得以继续。在梦里，上帝对她解释说，天堂里需要一名鼓手，所以她的儿子才会被召去。艾利克斯曾经是一名出色的鼓手。多亏这个梦，伊斯尔终于在丧子之痛与自己的宗教信仰之间达成了和解。她的生活跟以前再也不一样了。但随着时间的流逝，想象着艾利克斯在天堂里为上帝打鼓的样子，她总算能好受一点了。她也会参加天主教堂举办的弥撒活动，这同样有助于她与儿子维持一种精神上的联系。

过去的十年里，哈米斯的伤痛从未平复。我自己也无法想象，面对如此巨大的创伤该如何找回平静。这让我想到了幼年丧母的黑猩猩弗林特，想到了失去亲人所导致的巨大创痛。这种创痛是如此之深，会让人感到生命已经没有意义。在弗林特的例子里，他自己的生命也终止了。

我们谈话时，汤米就紧紧跟在我身后。这让我的情绪得以恢复。我意识到我是多么幸运。我的两个儿子汤米和帕特里克都很健康，正常的话，活个八九十岁应该没问题。我无法想象失去他们任何一个。分担着哈米斯的悲痛的同时，我也不禁想，如果在一个更为发达的国

家，如果哈米斯的儿子能获得更好的诊疗条件，他也许会有不同的结果。

我想告诉哈米斯对他承受的不幸，我的感受是多么深切。"Pole sana."我很难过，我对他说。这是我当时想到的最能表达我心情的话。但后来我让阿卜杜勒帮我把自己最深的同情转达给他。我捎给他的信里说：

> 我无法想象你的儿子在十八岁的英年辞世给你造成的痛苦和迷茫有多么深。我希望随着时间的流逝，你能最终接受这一现实。我们早年一块儿追踪黑猩猩时，你曾给我指引。这让我确信，你一定会是一个优秀的父亲。我也确信你的儿子会因此而受益。

我们继续往前走。哈米斯说："现在我想听听你的生活。"与平时不同，这次他直直地盯着我的眼睛。我沉默了。我觉得很难描述过去三十六年的岁月，我也知道哈米斯可能完全无法理解它。我只对他讲到了我身为家庭医生的工作情况，讲到了我在普吉特湾划皮艇的情形，我还对他讲起了西雅图地区美丽的山岭和湖泊。我觉得这些或许能引起他的共鸣。

我很想跟哈米斯多聊一会儿，多听他讲讲自己的生活。但是我们已经走到了那条近路。哈米斯曾徒步走了五个小时到贡贝迎接汤米和我，也为我们到他家的拜访花费了很多心思。对他的慷慨和情谊，我心里充满感激。我明白了为何我们在贡贝时能成为好朋友。和当年一样，我依然能体会到我们之间的联系，以及他热情的天性对我的触动。他是我的朋友，在遥远的过去，也曾是我生命中的导师。如今我已完成了与他宝贵的重逢，我知道这趟贡贝之旅的这部分算是圆满了。

我们和哈米斯在那条小路上分了手；我们一队人朝贡贝营地走，他往自己的村子走。我转过头去看他时，他正站在一个缓坡上，位置比我们略低。他也正注视着我们离开。他笔直地站在土路上，穿着明亮的蓝白色衬衫，周围是郁郁葱葱的灌木，显得那么宁静平和。我目不转睛地望着他。我不知道我们是否还能再见面，想到这一点，我觉得很难过。但我感到经过这趟旅行，我与他的联系更深了，我们的情谊比以往任何时候都更浓厚。我看到了他脸上灿烂的笑容，他总是带着这样的笑容。在我的回忆里，十七岁的他也是以同样的姿态，手里拿着我们的检查清单，站在清晨时分的上营地，等着在新的一天里再次跟我一块儿出发，穿越森林去追踪黑猩猩。

我们在一起的时候，我拍了一些照片和视频。对我们一块儿追踪黑猩猩的日子我也有很多回忆。但当我沿着山路往回走时，我意识到我对哈米斯过去和现在的生活了解得其实并不多。现在已经没有时间问他更多问题了。而且我也知道，我的斯瓦希里语还不够好，无法理解他过去几十年经历的复杂感情和变故。我们回到湖岸边的住宿处之后，我写下了几个问题，问阿卜杜勒能否在我和汤米回到西雅图之后，带着这些问题去问问哈米斯，并把哈米斯的回答发给我。

我脑中浮现出阿卜杜勒向哈米斯请教我列出的问题的画面：哈米

斯，这位智慧的老人，向阿卜杜勒这位好学的年轻人一一解答我提出的问题，这些问题关乎他对森林生活及村庄生活的看法。我似乎能看到他认真思索自己生命历程的模样。我感激他为我的问题提供了答案。但我仍然希望自己的斯瓦希里语能更流利一些，能亲自问他这些问题。

哈米斯的一个回答涉及他对动植物的认识。这是我在贡贝做学生研究员时没有意识到的。哈米斯写道：

> 我在贡贝的研究工作让我学到了很多关于植物的知识。当地人会把这些植物当草药，用于治疗伤寒和疟疾之类的疾病，解蛇毒，治疗溃疡和诸多其他病症。我同样也认识了很多不同种类的动物及其行为——他们吃什么、如何与同类交流等等。我能凭他们的叫声认出他们，尤其是黑猩猩。

哈米斯掌握的多种本领让我很受益。我学到他在林中行动、分析周围环境及与他人交流的方式。最重要的，我很佩服哈米斯对待我的方式：他总是很留意我，但又不会让我感到不舒服。

"Kuja karibu." 走近一点，哈米斯会一边指着菲菲，一边轻声对我说。菲菲正在挑选最适合用来捕捉白蚁的小树枝。说完之后，哈米斯会退到后面，让我继续观察菲菲的行为。亲眼观察这些行为对我的研究非常重要。当时我就想到，将来等我有了孩子，我也一定会以同样的方式抚养他们。但我不知道我对待汤米和帕特里克时，是否像哈米斯对待我——或在我的推测中——像他对待自己的孩子们——那么自信，那么出色。我的第一个儿子降生后，我不禁再次回想起了哈米斯温和地为我腾出观察的位置，但又在一定距离之外默默地为我提供支持的情景。那时距我离开贡贝已经有十六年。当我的孩子们需要独自迈入生活时，我也尽量把自己隐入背景之中，正如哈米斯过去对我所做的那样。从小到大，我的父亲总倾向于掌握一切，所以我能做到这一点并不容易。

当我们追踪黑猩猩时，哈米斯的举止总是那么和善；做事总是那么缓慢而有策略。这对我在森林中穿越很有帮助。他对别人非常体贴，对他们的反应也非常敏锐，这让我懂得了淡定从容的重要性。有一句睿智的斯瓦希里语格言是这么说的："Haraka haraka haina baracka."意思是："冲动者必遭霉运。"对我来说，"不冲动"是生命里最难学的一课。无论是做医生还是做父亲，我都尽量耐心地去关爱、观察、把事情想清楚。但我并非总能做到这一点。

在另一个对我所提的问题的回答中，哈米斯强调了我俩的相似之处，以及我们为何能成为密友：

> 有时，当我跟其他观察员一块儿走进森林时，我真希望回到当年只有约翰和我两个人的岁月。我的风格和个性，包括耐心、敬业和可靠等都跟约翰很像。因此，我们两个才能喜欢上彼此，并成为好朋友。

哈米斯指出的这些他所欣赏的特质让我深感谦卑。在接受阿卜杜勒的访问时，哈米斯对阿卜杜勒说他有点紧张。这或许是因为他知道

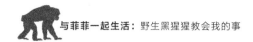

他的回答会出现在一本书里。但阿卜杜勒和哈米斯还是写了满满五页纸的睿智话语。当我在西雅图收到他的回复时，内心十分感激。

哈米斯和我的道路依然在继续。我们彼此天各一方，生活也截然不同，却交织在一起。当年我俩还是刚刚涉世的年轻人时，曾共同有过一段独特的冒险经历。如今，我们都见到了对方的一些孩子。如果我们牢固的情谊和对彼此的回忆能持续三十六年，我确信，余生这依然将是我们的纽带。

第二十章

「林中感悟」续：更开阔的家庭医生视野

与菲菲一起生活：野生黑猩猩教会我的事

当天又一次翻越山岭时，我不再说话了。我已经筋疲力尽，再也没有力气一边走路一边说话。下山的时候，我感到双腿很虚弱，有点喘不上来气。我发现跟我一块儿徒步的伙伴们也慢慢不再说话了。枯草和陈腐的土壤浓郁而沉闷的气息在热气中升腾。已经是傍晚，我们听得到狒狒的咕哝声、远处黑猩猩的喘叫声，以及我们朝营地走时发出的粗重的喘息声。

我脑子里一直想着在哈米斯家里走近我的那位老村民。我不认识他，或许他是哈米斯的什么亲戚。他步履蹒跚，有一张饱经风霜的脸，身体很硬朗，裹着一件薄毯。他盯着我的眼睛，用斯瓦希里语问我："你能给我一点止疼药吗？我有关节炎。"语气温和而信任。他指的是自己的臀部。不用说，当地人的药方对他的剧痛已经不管用了。我判断他的臀关节有严重磨损。

走在路上，望着眼前一派平和、金光灿烂的乡村景象，我不禁将哈米斯的生活跟我的生活做了一番比较。他是贡贝营地的田野助手，也是一名当地的草药师，而我是美国一个忙碌的都会里一名职业医生。我们都在为各自的社区提供医疗服务。在请我给他一些止痛药的坦桑尼亚村民与西方的医疗体系之间存在着巨大的差异。在西方，鉴于这位老人关节问题的严重程度，医生会直接建议他换一个新的臀关节。如果这位老人换上了新的臀关节，他的生活也许会有很大不同。而如果我选择在一个非洲村庄里行医，我的生命也将是另一番景象。为提升人类生活做贡献的方式有很多种，它可以是借助最尖端的医疗

258

手段来挽救生命，也可以只是简单地解除病痛。在一个理想化的世界里，健康工作者只要有机会就可以这么做。

我忽然意识到，在坦桑尼亚当一名行医者或许比在西方国家当一名医生更能让我满足。听到哈米斯失去至亲的事，以及非洲面临的许许多多其他健康问题之后，我不禁想道：如果我当年在美国完成医学训练之后选择了返回坦桑尼亚行医，而不是留在美国，不知我的生命会是如何？留在非洲是否会让我感到人生更有意义？与医生数不胜数的美国相比，在非洲我的贡献是否会更大一些？在同汤米和阿卜杜勒从贡贝徒步返回布贡戈村的路上，我脑中始终萦绕着这样的念头。

从我记事起，我就对各种异域文化充满向往。或许我想找到一种与我羞怯平和的个性相匹配的社会环境。不管是什么原因，我一直都在了解其他文化。我对跨文化健康认知和全球各地对人们的生活有实际影响的精神修习方式尤为感兴趣。我的妻子温迪和我努力创造机会让我的儿子们去接触不同的文化，他们也能试着融入这些文化。这让我特别开心。除了这趟贡贝之旅，之前我也曾和家人一块儿在安提瓜岛附近的巴布达待过两个月。我在那里行医。当地的环境总让我想起坦桑尼亚的某些城镇。我报名参加"海上学府"的随船医生计划时，也带上了我的家人。这是一所海上大学，包括七百五十名大学生。在四个月的环球航行中，我的两个儿子参观了印度的孤儿院、古巴的医疗中心和其他很多有意思的景点。这些旅行不仅开阔了孩子们的眼界，也让我对不同文化的社区中的行医之道有了更深的认识。

当代家庭医生职业的高峰与低谷

在我漫长的家庭医生职业生涯中，我既有过令人振奋的高峰，也有过令人沮丧的低谷。两者的数量差不多。在我职业生涯的中期，我就职的医护机构引进了电子病历系统，同时大幅增加了我们要接诊的病人的数量。黑暗的日子从此开始了。因为四十来岁时打英式足球联赛的缘故，我的背部会重复性酸疼，进而引发坐骨神经痛。即便如此，我也得照样工作。坐着对我而言很痛苦。这理应让我对病人的疼痛更为同情，但有时候我真的忍不住想对病人说："你以为只有你疼吗？"

对全美国从事家庭医疗行业的绝大多数人（包括初级医生、助理医生和护士）来说，这都是令人沮丧的五年。对家庭医疗的需求在增加，相应的资源却没有增加。我们每天要连续十二小时做医疗工作；我必须学习新的电脑系统，回复病人的电子邮件，开展其他远程接诊活动，例如电话预约；与此同时，我每天还要看二十二个病人。由于初级医护机构令人不堪重负的工作压力，家庭医疗行业内申请常驻职位的人数大幅下降。

我记得有天晚上十一点钟，我仍坐在电脑旁阅读一位病人的电子邮件。我已经忙碌了一天，从早上八点直到下午六点。当时我刚刚检查完二十份实验室结果，回复了六个与病人护理相关的问题。

病人在邮件中称自己左耳附近有痛感，后来这种痛感又扩散至前额，并伴有耳鸣和潜在的听力下降。太多的信息让我有点头昏脑涨。病人也在邮件中提到她的下巴有点不舒服。她的头疼已经持续了一周，她想知道我有何建议。根据她描述的情况，她的头疼可能是压力或紧张导致的，但同样有可能是医学上叫作"听觉神经瘤"的脑瘤或颞动脉炎，如果不及时治疗，可能会导致失明。

我茫然地盯着那封邮件看了五分钟。我们管这种情形叫作"脑盲"。我太累了，已经没法去思考，也没有力气对电脑、上司或整个世界发脾气。因此我暂时把眼睛从电脑屏幕上移开，转过脸去看挂在墙上的布贡戈村的照片和几只吃奶苹果的黑猩猩的照片。看着这些照片，一种熟悉的踏实平和之感油然而生。我又振作起来。

我再次回到手边的任务，集中精神给那位病人得出了诊疗结果，并写了一封邮件回复她。第二天，我如释重负地发现，这位女士并没有得上述两种严重疾病。

鉴于这份工作给我的家庭和我造成的压力，我开始考虑要不要辞掉它。没完没了的工作让我越来越气恼。我的同事们和我对病人十分关心，也愿为他们多付出一点，但一天工作下来，我们很多人都感到精疲力竭。时至今日这依然让我深感沮丧。我们丧失了某些维持对职业和自身的良好感觉所必需的乐趣和精力。我们所受的训练告诉我们，我们不仅是医者，更是疗愈者。但现代的医疗方式不太重视这种区别。对医生来说，一般不会有喘息或等待的时间，除非你放弃跟病人做深度交流的时间，像台电脑一样只进行简单的输入输出——但这样一来，就不是人性的疗愈方式了。

后来，我们引入了"家庭诊疗"的理念。这让我们拜访病人时有更多时间与病人交流，也有更多时间通过电子邮件和电话处理病人的健康问题。针对糖尿病、心脏病和其他慢性病，护士、药师、医疗助理、助理医师、护工和家庭医生通力合作，为病人制定个性化诊疗方案，这提高了病人的诊疗效果。为了合理控制接诊人数，我们雇用了更多的医生。我们的工作时间依然很长，多数人回到家之后也要给病人发工作邮件。但由于我们的部分电脑工作被更合理地分配给了护工，从前高强度的节奏总算减缓了一点。

在我抱怨的同时，我其实也应该看到更辽阔的世界范围内的医疗现状。回顾我的"黑暗岁月"，每两千六百个病人才配备一名医生似乎很夸张。但相比非洲东北部和世界很多地区每一万五千人才配备一名医生的比例，这已经不算什么了。一个我大学时期就认识的家庭医生最近对我讲起了他在达累斯萨拉姆的从医经历。他在那里一天最多能看两百个病人，有六个医疗助理和两名护士为他提供支持。他只能听病人简短地描述一下病史，然后快速处理他们的感染或创伤。

但家庭医疗行业某些令人沮丧的事实和漫长的工作时间也有补偿，那就是接生婴儿的喜悦。整个过程十分有成就感和令人激动，尽管我们常告诫自己不要过于激动。八年前，我决定不再承担产科的工作。但接生的经历曾带给我极大的满足感，也让我感到与婴儿的家庭更为亲近。因为在生产过程中，我们往往会花很多时间与他们待在一起。

我永远记得为一个新生儿接生的经历。那次接生是在那个婴儿的哥哥和姐姐的注视下完成的。我行医时，总是会尽力满足父母为自己孩子的出生而安排的特殊仪式。因此当这对夫妇提出让自己三岁大的孩子和五岁大的女儿留在产室时，我同意了。

尽管这两个孩子年龄还很小，但他们的父母想让他们明白事情究竟是怎么回事。产房空间很大、很舒适——尽管生孩子绝对不是件舒服事——配有一张摇椅和按摩池。这位母亲以前已经生过两胎，在生孩子方面已经是位"老手"了。她生产得很快。婴儿的头露出来之后，每个人都凑上前去观看这个新生命。但他的头探出来之后，身子却没照正常情况中那样跟着出来。他似乎被卡住了。婴儿出生过程中最棘手的一种情况就是因胎儿肩部阻碍造成的肩难产。如果婴儿无法在几分钟之内顺利产下，他的大脑就可能缺氧，造成脑损伤甚至死亡。

我向外拽婴儿的头，护士用力按压产妇耻骨上方的下腹，试图把胎儿的肩膀推进产道。我不知道站在一旁的那对兄妹在想什么，但我的目光扫过他们时，他们两个看起来都觉得很无聊。幸运的是，他们并不知道事情的严重性。我用平静而坚定的语调指示一个助理紧急呼叫值班的产科医生。我继续维持着镇定的语气，但我的脸已经涨红，心也狂跳不止。我调整着婴儿的体位。终于，这个大块头总算顺利产下来了。

短暂的停顿之后，婴儿哭出了声。妈妈也跟着哭了起来。然后爸爸也哭了。婴儿看起来苗壮而健康。他安歇在母亲怀中。这对夫妇相拥在一起。

最大的那个孩子说："这挺酷。"这是他经历过这场惊心动魄的生产之后唯一的话。

我开始处理胎盘。我的精神总算放松下来。两个孩子走过去瞧他们的新弟弟。我觉得与产房里的大人们相比，这两个孩子要镇定得多。亲眼见证生命的诞生对他们也许是一次有益的体验。由于亲自经

历过，这一过程对他们而言将不再神秘。

我在贡贝研究黑猩猩时，对我研究的黑猩猩母子的家庭生活非常熟悉。以医生的身份接生也让我对产妇及其家人在生产过程中所经历的艰辛和迎来家庭新成员的喜悦有类似的亲近之感。对我来说，同样也有令人沮丧的时候——有时甚至可以说是命运。遇到这样的时刻，我不禁会思索生命究竟是怎么回事，并默默承受围绕着产房的各种激烈情绪。在这里也没有成规可循，一切由大自然母亲决定。感谢上苍！

动荡不安的少年期

这是个很差劲的笑话。在我职业生涯的早期，我的同事会突然对我说："看来今天下午我得抓紧时间看看资料了，我要连着接诊两个青少年。"这幽默而真切地反映了一个事实，那就是，一般来说，青少年患者不会在接诊过程中透露太多，也不会跟医生有太多交流。仰脸凝视的高冷神态，几乎要盖住眼睛的刘海（有时只是为了遮盖脸上的痤疮），简略的回答——这是青少年病人的共有特征。当然，我们会请他们的父母暂时回避一下。这样这些年轻人才能谈论自己对父母的看法，在私密的环境中倾诉自己的秘密。

尽管要从青少年病人口中获得完整的病史颇为困难，而且过程有点搞笑，我还是喜欢上了了解甚至探索这一惊悚的发展阶段。毕竟，我曾经亲眼看着我的孩子经历过这段生命历程；曾陪伴我以前的病人度过这一阶段；在非洲当学生研究员的时候，我也曾见识过处于这一动荡不安的时期的青少年黑猩猩。

我开始对这一充满变动的生命时期对人类和非人类灵长动物在生存方面所具有的意义感到好奇。青少年的行为十分冲动，有时甚至是高风险的，与此相伴的是从青春期开始至完成大脑的"可塑性"。这种可塑性非常重要。它指的是我们的大脑改变并适应具体成长环境的能力。青少年的大脑能够适应、学习甚至产生器质性改变，这对人类在漫长的繁衍过程中应对多变的环境的能力可能至关重要。与人类相比，黑猩猩的大脑皮层较为简单。他们的大脑在青少年时期的适应性也不如人类那么强大，但这种适应性依然很重要。无论是人类还是黑猩猩都注定要脱离自己的养育者，走向令人激动的新环境。

在我试图接近我的青少年病人和我自己同样处于青春期的儿子的内心时，我不得不频频念诵我的"咒语"——"想想菲菲"。她的儿子弗洛伊德精力充沛，有时甚至十分野性。但她对弗洛伊德永远有无穷的耐心。她的耐心深深地印刻在我脑海里。弗洛伊德后来发育得很好，与母亲的关系也很亲密。在我们这个手机和电脑当道的电子时代，为了帮助某些青少年平稳地度过这一阶段，需要动员各方力量。这可以是为需要同伴支持的青少年设计的辩证行为疗法（DBT）群组，也可以是对高成就青少年彻底的放手策略。我们始终可以期待，等到二十五岁人类大脑完全成熟后（人类女性大脑的平均成熟年龄为二十二岁），这些青少年将回归到正常的、更为平和的生活状态。我希望对青少年健康的重视能帮助我国和全世界青少年更好地成长。

传统疗法的启示

和西方国家一样，坦桑尼亚民众对医疗的需求也随着时代的变化而改变。但很多人依然把传统的乡村医生视为重要的医疗提供者。我在贡贝当学生研究员时，整体照护（holistic care）是当地医疗体系的重要组成部分。当地农村的人对民间医者提供的个人化、个性化较高的医疗服务相当满意，也愿意为这种服务付钱，尽管最近的城市里就有政府开设的免费诊所。这一传统一直延续到今天，虽然程度已经不如以往。

最近，我偶然又读到了一篇我从 1974 年 4 月的《医疗实践》杂志上保存下来的文章。这篇文章简要介绍了当时坦桑尼亚健康服务的状况。对典型的坦桑尼亚患者的一段描述吸引了我的目光："对奉行整体照护观念的医者来说，病人是一个整体，心灵和躯体（身心）并没有明显的界限。习惯了这种治疗方式的病人很可能会抗拒快速治标的方式。"

当地的医者不仅会考虑病人的社会环境，甚至也会考虑村庄里逝者的灵魂。他们的治疗手段包括草药和当地生长的其他植物。他们评估病人的病症时，会持续询问病人，记录病人的病史，并在诊治的初期给出针对性的治疗建议。如果病人觉得这位医者不太靠谱，那么医者会大方地把他介绍给另一个医者。

我早年从医时，医院实习期结束后，曾为处于困境中的患者提供过咨询服务。我和一位女性治疗专家一起为相处困难的夫妇通过当面交流为他们提供支持。在三十分钟的约见中，我们会深入了解他们的婚姻生活，找出问题的症结所在。我很喜欢这份工作。为病人提供建议的同时，我们两个负责咨询服务的医生也尽力维持着彼此良好的沟通。但随着十五分钟长的常规办公室接诊成为主流，这一咨询形式很快就被遗忘了。但我怀念这种与病人的深切交流。这种整体疗法让我想起我在坦桑尼亚见过的传统疗法。在那里，病人生活的方方面面都是传统医者开展治疗时要考虑的因素。

后来的岁月里，我发现让病人自己说出他或她对自己病症的看法是件有趣又有益的事。我从医之初，我的一位医学导师就教会了我这一点。当实习医生时，有天诊所里十分忙碌。为一位喉咙疼痛的年轻的男性病人做过检查之后，我便急匆匆地跑到这位导师的办公室，把我记录的病史和评估报告交给了他。

这位导师像往常一样说："这位病人对自己的症状怎么看？"

我几乎忍不住要说："他就是喉咙疼而已！我们为什么一定要知道病人自己怎么看呢？"

但我还是返回候诊室。我问那位病人他对导致自己喉咙疼的原因有何想法。他立刻对我说起了他的恐惧，原来，他进行过一次口交。这是他第一次发生口交行为。他说不知道自己喉咙疼是否与这个有关。很显然，这一行为让他很焦虑，他担心自己有可能染上重病。但由于我先前没有直接问他，他也不敢说出自己的担忧。这件事让我学到了很多，我希望也帮到了这个病人。如果不是我后来询问他的话，他可能会忧心忡忡地回家，心里始终放不下。我向他解释说，他的健康出现严重问题的概率非常小。说这些时，我听到他长长地舒了一口气。但为保险起见，我还是为他做了喉部细菌检查。

通过为病人创造安全的交流空间、通过倾听与询问，我又一次同时成了医生和疗愈者。在继续接受医学培训的过程中，我认识到这一点非常重要。为病人做检查、开药的时候，"医治"或许比较重要。

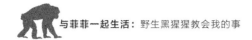

但如果以更宽广的视野从长远角度考察病人的整体健康状况时，就需要考虑疗愈的问题了。不论是脚踝骨折还是与伴侣的关系破裂，都需要数月甚至数年的时间才能痊愈。我发现在这一过程中，温柔的呵护对痊愈很有帮助。黑猩猩菲菲育儿的显著特点之一就是这种温柔呵护——不是过度热心，而是坚实、可靠的呵护。

同汤米、阿卜杜勒和卢度一道往贡贝营地走时，我在心里想着这样一种可能：未来我可以在布贡戈村住上一阵子，更多地了解村民的健康观念和他们治病的方式。我对不同文化环境中医者评估病人身、心、灵需求的方式依然充满好奇。在布贡戈村行医肯定也会像在世界其他地方行医一样令人倍感挫折，因为这里几乎没有预防疟疾和痢疾的医疗资源，对儿童来说，情况尤其糟糕。但我确信，为处于严峻的困境中的人提供帮助将给我带来巨大的满足感。

我同样确信，西方医学与东非和世界其他地区传统疗法之间的交流对双方都是有益的。在我的家乡西雅图发展起来的"家庭诊疗"模式中就包括与传统坦桑尼亚疗法相似的心理要素。这一模式在考察病人的疾病时，会结合病人的社会环境和家庭因素，但同样会借助尖端的电子病历系统来调阅病人的信息，且能让病人在线与医生沟通。展望家庭医疗的未来，我希望两个医疗世界——即传统医疗和当代西方医疗——中最好的要素能够融合。我们的学习依然在继续。

第二十一章

再
次
告
别

　　我们在贡贝的最后一天，汤米和我醒得比平时晚一些。徒步到布贡戈村把我们累得够呛。当天下午晚些时候我们会抵达基戈马市，然后再到桑给巴尔，从那里飞回西雅图。"这是我们在这里的最后一个上午了，你想做点什么呢？"我问汤米。

　　"也没什么特别想做的。"汤米在睡梦中迷迷糊糊地答道。

　　我们离开贡贝的那个上午是在湖边度过的。我们同大家道别，在坦噶尼喀湖里游了最后一次泳。小船驶过我们身边，妇女在湖里洗衣服，人们在岸上散步。我当年在这里做学生研究员时，全靠着这个湖才熬过了炎热的旱季。我依然记得太阳渐渐沉入地平线以下时壮丽灿烂的晚空。但在我对这片辽阔水域的记忆中，它危险的一面却不那么清晰。除了偶尔游到我身边的水眼镜蛇，某天傍晚我游泳时也遇到过更大只的动物。那天我完成了对梅丽莎和葛姆林的跟踪观察，游得比平时更远。当我回望湖岸时，我看到岸上一群坦桑尼亚男女正朝我挥手，于是我也朝他们挥手。当我注意到他们的挥手中满是焦急时，我从湖岸上收回目光，转头去看西面。我看到大概五十英尺之外，一头河马正盯着我。河马的攻击性出了名的强，是世界上最危险的动物之一。我拼命拨开水面朝岸边游去，头也不敢回。这是我生平游得最带劲的一次泳。总算及时游到了岸边，这时岸上已经聚集了一大群人。人群中爆发出一阵掌声。他们踏进水里，合力把我拉到了湖岸上。此刻，这段回忆又浮上心头。但我并不感到后怕。我记得最清楚的反而是营地附近的村民对我伸出的援手。

我独自在沙滩上坐了下来，背靠着礁石，观望着岸上的人们和辽阔的湖面。黑猩猩从不到这个地方来。背对着森林的我，已经感到离开了他们的世界。我真的很希望能在森林里再同弗洛伊德多待上几个小时，我希望找到葛姆林——她现在已经是一对双胞胎的母亲了。我希望最后再看他们一眼。我与黑猩猩的重聚是令人满意的，但我真盼望能同他们多待一会儿。

望着湖岸，我仿佛又看到我那天下船时，哈米斯朝我走来的情景。我们已经三十六年没见面了。我们的友谊似乎超越了种族、地理和贫富。我们都觉得我们的性情、对环境的态度和世界观很接近。我不禁想知道，如果有天哈米斯到我西雅图的家拜访我，又会是一番什么景象。过去我们曾一起到达累斯萨拉姆和乞力马扎罗山旅行，从他拘谨的反应来看，我不知道他会怎么看待西雅图这个繁忙城市里的摩天大楼和密集的交通。也许他会更喜欢去圣胡安群岛划船。

一条以破布为帆的小木舟轻柔地划过。船上坐着一家人，他们从市场上买了菜，现在要回到贡贝北面的一个村庄去。他们看到我，脸上浮现出大大的笑容。我对他们喊道："Hujambo"，意思是"你好"。以前我曾想象过在布贡戈村过夜的情形，现在我不禁幻想着白天跟这家人一起乘船去基戈马市，再坐着他们装满货物的小船回来。我想知道他们的欢乐来自何处，又是什么让他们选择以这种方式谋生。

我想到了托尼。他留在了贡贝工作。我走过他位于湖岸边上的屋子。铝制墙板，茅草屋顶，一扇带遮板的大窗户迎着湖上的微风。我意识到，虽然我没有选择留在贡贝这条道路，但能如此亲近自然的生活一定是精彩的。我知道自己对托尼十分钦佩。他如今在贡贝营地担

任着重要的管理工作，我真心替他高兴。

我同样也走过珍妮简陋的屋子。我在屋子前驻足，想象着她冲出屋外，跃入湖中，游过水面，去捞德雷克从空中抛下来的一束玫瑰的情景。后来德雷克成了她的丈夫。我仿佛又看到七岁的格鲁伯在沙滩上玩耍的样子。她从前的住处现在改成了接待访客的客房。凝望着它，我不由得想，1973年到现在，这里发生了多大的变化呀！当然，这里的人和黑猩猩都老了很多，有些已经过世。珍妮现在也不常年住在这里了。黑猩猩族群依然生机勃勃，研究也依然在继续，我却感到自己成了一个外人。我渴望重新成为这里的一部分。

为了避一避明晃晃的日光，我慢悠悠地往森林里走了五十英尺。我发现一个小土包。在我离开贡贝之前，我可以在这里稍作停留，更真切地体会一下与黑猩猩的联系。汤米此刻在岸边的会客厅与营地员工们待在一起。地面上有一个天然形成的凹陷，等于是一个完美的座位。在它四周，红棕色的土地上，树木之间的空地长满了琥珀色的野草。这些枝叶茂盛的树木足有十二英尺高，绿叶透亮，藤蔓轻摇。这个地方离"珍妮峰"很远，我想我会把它叫作"约翰峰"。在我的想象中，这会让我再次回到贡贝的概率更大一些。下次来的时候，或许我会带上温迪或帕特里克。

像以往一样，这样的环境总能让我放下生命中的忧虑与懊悔，专注于周围的自然景物。不用说，我也希望自己学西班牙语，多花点时间同我的孩子们嬉戏，在坦桑尼亚行医，发展一下自己的音乐天赋。但是在此刻，独自一人坐在赤道非洲的一处小山冈上，沉浸于冥思中的我对这些遗憾感到释然。从实际环境上、从情感上，我都置身于更为辽阔的景象中。和我在贡贝做学生研究员时一样，我张开双臂去拥抱不同的观念。在辽阔的自然世界中，我的思绪变得更为单纯。尽管我认同珍妮"人人都能改变世界"的看法，但此时此刻，我不一定非要成为什么或做什么。一种更为强烈的自我意识以及我能为社会所做的贡献在我心里催生出一种使命感。大自然厘清了我的杂念，让我的头脑更为澄净，犹如在晴朗的天气里深蓝天空映衬下的洁白山峰那么分明。我相信珍妮在贡贝也一定能体验到这种平和宁静及与万物的联系。她在八十岁高龄决定离开森林中的家园，凭着不屈不挠的毅力在全球范围内展开拯救物种（包括野生黑猩猩）和土地的远征时，心里一定难过极了。珍妮每年依然会在贡贝住上几个星期。好几位田野助手都以相当确定的语气告诉过我，黑猩猩能感觉到她的存在。她回到贡贝后不久，黑猩猩就会出现在营地里面或附近。

我花了一个小时的时间放松以及回忆我做学生研究员的时光。然后我站起身来，拍了拍身上的尘土，走下小丘去找汤米。我们得准备离开了。下午两点钟的时候，船就要出发了。湖上晃动着穆斯林的白色小帽。此前，汤米和我已经收拾好了行装，舒舒服服地吃了一顿午餐。我们非常不明智地选择了当天下午返回基戈马市。我忘了风总是在下午刮得越来越厉害。我想起一个类似的情形，那是我在贡贝做学生研究员时的事了。著名的英国大法官丹宁勋爵和他的妻子丹宁夫人从这里启程返回英国，那时他们已经七十多岁了。由于风太大，只好由强壮的坦桑尼亚人把他们的船高高抬起，举过浪头。我希望我们的离开不要这么有戏剧性。

阿卜杜勒赶来送别我们。这时，开船的人已经就位。我们面带笑容，握手道别。但风越刮越大，船随着波浪摇晃，我们的道别显得有点匆忙。"你一定要早点再回来，约翰先生！"我们情不自禁地彼此拥抱时，阿卜杜勒说道。汤米笑了笑，去检查行李，确保没落下什么东西。"Kwaheri."再见，他一边说着，一边跳进晃晃荡荡的船舱。在离我们二十英尺远的岸上，一名公园巡逻员握着一把步枪。对重返贡贝的我来说，这景象十分惊心。三十六年前，我到这里的时候，这是闻所未闻的事。1974年贡贝营地研究员被绑架事件、坦桑尼亚其他地区日益猖獗的盗猎现象和非洲大陆的恐怖主义迫使贡贝河国家公园不得不部分地武装自己的巡逻员。我想如果这是为了保护黑猩猩和研究员，那么就是必要的。我的目光随后转向依然站在码头上目送我们的阿卜杜勒。他遥遥地望着我们，直到再也看不见。

望着郁郁葱葱的山谷和风貌原始的湖岸，我不禁想，不知道二十年后这里看起来会是什么样子。贡贝能经受得住未来的变化吗？珍妮等人的工作能让黑猩猩种群在这片古老的森林里再绵延一个世纪吗？

等我再也望不见陡峭的山谷和我如此熟悉的湖岸时，我的念头又被归家的行程所占据。我与黑猩猩的亲近感像开关一样被关掉了。我与汤米建立的新的情感联系；未来，这种联系或许还会因我们这次共同探索黑猩猩家园的经历所带给我们的意义而进一步增强。但此刻，黑猩猩似乎已经属于另一个星球。将来我还能从网上见到他们当中的某几只，但无法再体会到我两次贡贝之旅中曾有幸体会过的那种亲近感了。两天之后，我就会回到我的办公室，接诊病人，听他们诉说自己的生活和担忧——与布贡戈村的村民迥然不同的生活和担忧。我会把我坐在小丘和湖岸温暖的沙滩上的情景记在心里，特别是在倍感压力的时刻和阴雨绵绵的漫长冬日。我会回想起弗洛伊德和弗罗多在夕阳西下的山坡上休憩的样子。他们嘎吱嘎吱地嚼着奶苹果，稍后便会攀上一棵枝叶繁茂的树，搭建过夜的树窝。

第二十二章

与珍妮的
绵绵情谊

在贡贝的时候，我没有办法不想到珍妮。无论是我去贡贝之前，还是我在贡贝停留期间，她都是与贡贝有关的经历中非常重要的一部分。正如我前面提到过的，这些年来我们也一直通过信件、联谊和各种令人难忘的大大小小的重聚活动保持着联系。

我跟珍妮的第一次重聚是在我离开贡贝一年之后。说来也巧，查克·德·西耶斯，另一个曾在贡贝与珍妮共事的学生研究员，恰好也在凯斯西储大学医学院就读。我们两个于是邀请珍妮来"粉猪"聚一聚，权当作她在美国紧张的演讲日程中的片刻休息。"粉猪"是位于俄亥俄州美丽的农场上的一个休闲中心。

那是在 1975 年，三名斯坦福学生和艾米莉·芮斯（我在贡贝营地的诊所曾跟她一起工作过）被绑架的事件刚刚结束。这起事件在国际上备受关注。刚果叛军用船劫走了那三名学生，并把他们作为人质扣押了两个月。营救人员与叛军展开了紧张的谈判，但为了确保学生们能最终被安全释放，谈判后来被迫中止。

那段时间，珍妮压力很大，身心俱疲。贡贝营地面临着关闭的风险，她与斯坦福大学的关系有可能中止，学生的命运让她很担心。我看得出来，所有这些都让她很伤神。但她依然用欢快的语气说道："这个农场特别有意思。这里的墙上到处都能看到粉猪的图片，我非常喜欢。"这个环境的确充满奇趣。墙面、桌子、地板、谷仓……无论哪里都装饰着粉猪图案。能在这里看到珍妮的笑容、陪着她开心，我们觉得很振奋。

"珍妮,你这些天过得怎么样?"我问道。

"当下有你和查克在身边,能一块儿回忆一下从前美好的日子,我觉得很安心。但绑架事件消耗我不少精力。这阵子你们能陪伴我,我很感激。"

我们谈论着在贡贝的日子,在这个农场上漫步,仿佛它是非洲森林。我们非常享受在一起的时光。多年以后,珍妮依然会说起那段时间与学生的重聚和我们的爱以及支持对她来说是多么重要。

这次农场重聚后的几年,珍妮受邀在位于纽约市的自然博物馆演讲。那时的她刚经过生命中另一段艰难的岁月。她并不知道我恰好也途经纽约,买了票来听她演讲。我在她被正式介绍给听众前十分钟抵达了现场。尽管我个性拘谨,我还是恳请引导员把我领到后台。我想问候她一声,让她知道我在这里。我看到她坐在厚重的幕布之后,正在为演讲而集中心神。她看上去那么遥远、那么孤独。六个月前,她的第二任丈夫德雷克得结肠癌去世了。珍妮穿着一件点缀着淡淡的花朵的美丽裙子,十分合身。尽管表情哀伤,她看上去依然宁静而圣洁。

她看到了我,脸上浮现出微笑,尽管眼神依然那么悲伤、疲倦。她给了我一个大大的拥抱。我夸她的裙子好看。她说道:"德雷克希望我穿这件衣服。"

在这几年之后举办的贡贝营地三十周年聚会则充满了欢乐。这次聚会的地点是明尼苏达大学,那里保存着珍妮的档案。当温迪和我陪着珍妮走进一个宽敞的接待区时,珍妮模仿黑猩猩发出了完美而响亮的喘嘘声。声音在大厅中回荡。当然,多数人也发出喘嘘声给予回应。整个大厅都为之震颤。那个晚上，在这样的氛围中，我们回忆起我们在贡贝的日子，了解各自这些年来的生活状况。

晚宴过后，珍妮发表了温暖而动人的欢迎致辞。然后艾米莉·芮斯走上台。她讲起绑架事件之后自己的生活："你们大部分人可能都知道，我被释放后，我的丈夫大卫立刻向我求婚。之后不久，我们在坦桑尼亚开车时发生了车祸，几乎要了我们的命。后来我们结婚，在我们位于新汉普郡的农场养了三个美丽的孩子。大卫继续当他的家庭医生。我曾经当过兽医，因此一直在照料动物——当然，还有我的孩子。"

致力于研究狒狒的托尼向我们讲述了他往返于伦敦和贡贝之间的情形。他的坦桑尼亚妻子和儿子一起住在伦敦，他则在贡贝研究狒狒。两地相隔约有五千英里。"这种分别很不好受，但他们都是我生活中无法放弃的一部分。"他坦诚地说道。

珍妮开始讲话时，她脸上一直带着笑容，笑声不断。我知道今晚的聚会对她而言充满情感意义。在场的除了亲密的朋友之外，同样还有投身于贡贝黑猩猩研究和环保事业的研究团队和前学生。能暂时从我繁忙的行医生涯中逃离，与四十位曾在贡贝共事过的研究员和管理者重聚，对我来说十分令人激动，也让情感极为丰富的我深受感动。

"我们是家人。"珍妮用柔和的声音说道，"下次重聚，我们一定不要再等上三十年了。"

前后共有十九名学生参与了斯坦福大学与贡贝的合作项目，这些"家人"当中，三分之一的人后来成了家庭医生。在选择专业时，我们没有选择传统的生物学或化学，而是选择了人类生物学。这一专业包括人类学、社会学和心理学等课程。或许这些课程更受全科医生偏爱（我们谁也没有成为神经外科医生）。我们都幸运地有机会暂时离开课堂，去实地观察我们的近亲物种如何在野外环境中生存。我们曾深入非洲森林展开探索，从"丛林里的教授"——黑猩猩和珍妮——那里了解灵长类动物的基本需要。珍妮和黑猩猩都堪称极为出色的导师，我们所有人对他们的评价都很高。

其他前学生的证言

最近，就贡贝的经历对其行医生涯的影响，我询问了一些同样曾在贡贝做过学生研究员的医生。他们寄来了各自的回答。性格大方的珍妮将本科生也纳入了自己著名的研究项目中。因此在贡贝的非凡经历塑造了参与项目的每一名医生。珍妮对他们行医生涯的影响是巨大的。

例如，洛杉矶的执业内科医师南希·梅里克说，得益于贡贝的经历，她对人类行为中的基因因素有了更深刻的理解：

> 贡贝的黑猩猩让我认识到，"我们是谁"在很大程度上是由基因决定的。但值得注意的是，基因并不能决定一切。家庭和经历对我们的健康和观点也有重要影响。但我相信，我们出生之前，我们的 DNA 中包含的信息在很大程度上已经决定了我们会成为哪种人。

> 远在采用基因测试技术来鉴别贡贝黑猩猩的父亲之前，我们常常会猜测他们的生父是谁。例如，好脾气的埃弗雷德肯定是梅丽莎那招人喜爱的女儿葛姆林的父亲。当在她之后数代的黑猩猩

泰坦展现出攻击行为时，几乎所有人都断定他的父亲是好斗的弗罗多。这些年幼的黑猩猩均由母亲养大，在成长过程中不会受到父亲任何影响。这让我们相信他们与父亲的相似性是与生俱来的。事实上，基因测试技术也证明，这两只黑猩猩的父亲与我们的推断是一致的。

在我的日常诊疗中，我往往能见识到病人的某些天性，这些天性似乎源自本能、与生俱来。这在某些被生活境遇所强化的成瘾或强迫行为上体现得尤为明显。无论我做多少咨询都无法根除这些医学症状。它们的根源极为深刻，远非我表面的诊疗努力所能解决。

黑猩猩也让我认识到了很多以生物特征为基础的人类行为——我们的竞争、社会层级、同情心、对安全感和关怀的需求、我们对欢笑和嬉戏的喜爱等等。这些是人类、黑猩猩和其他智力发达的生物共有的特征。我希望自己是个相对而言比较宽容的医生。因为我知道，尽管我们人类有一颗大大的脑袋，但我们根深蒂固的本性实在太难克服了。

查克·德·西耶斯是我读医学院时的朋友。目前他在缅因州做家庭医生。他分享了自己对一位导师的感激之情和在贡贝时一些值得注意的时刻：

到达贡贝时，我已经把自己当成一个初级医生了（这就是所谓的"自命不凡"吧）。在内罗毕等着跟珍妮的前夫雨果一块飞往基戈马期间，我偶然结识了达维·富尔纳斯。他是加州大学尔湾分校的首席整形外科医师。当时他在参加"飞行医生"①的一个短期项目。他人非常好，对我十分感兴趣。因此他邀请我到丛林地区去实地观摩他的手术。当时我不是"真正的"医学博士，因此我不能搭乘著名的"飞行医生"飞机（但我有一张特别喜欢的照片，照片中瘦削的我骄傲地站在飞机旁）。于是，为了能在乡下的帐篷诊所里穿着胶鞋做清洗工作，我选择搭乘凌晨四点钟的班车，和当地人及他们的牲口挤在一起。他用灵巧的双手创造奇迹：为被鬣狗毁容的孩子修复面孔；为一个天生没有眼睛、眼睑闭合的婴儿塑造眼皮；修补裂唇和裂颚。别提当时这对我自己学医的劲头是多大的鼓励了！我喜欢在那里的每一分钟！

就这样，我踌躇满志地来到了贡贝，包里塞满了抗疟疾的药物，希望能从预防措施入手，一举解决贡贝营地助手及其家人的健康问题。每周我都会去营地向导住的地方挨个敲门，把我带的药片分给他们的全家人。我不知道是否真的有人服用过这些药片［即便他们真的服用了，很可能也只是因为想让我这个金发碧眼、热心肠的 Wazungo（白人）高兴而已］。不仅如此，我还惊讶地发现，每过六个星期，我拜访某些人家时，迎接我的居然是一个新主妇——很多营地助手的家庭都有这种部落/宗教传统！我这是在把我的美式价值观和好意凌驾于一个我一无所知的社会制度之上。不用说，这件事给了我教训。

---

① Flying Doctor，飞行医疗服务，指专业医生乘飞机到偏远地区开展诊疗服务的制度。

卡思琳·莫里斯是一位以女性健康护理见长的家庭医生，执业于加州圣克鲁斯。她情真意切地讲述了自己从一位狒狒母亲那里得到的启示，以及这对她职业生涯和个人生活的影响：

我一直都觉得进化和人类与其他物种的相似性很奇妙。我在贡贝的经历让我真真切切地感受到了这一点。作为一个家庭医生，我关注的重点是自己一向饶有兴趣的进化机制和对人类有利的动物性行为。在这方面，生孩子是一个典型例子。因为在这样的时刻，人类的非人类-动物技能被发挥到极致。我对妇产科的兴趣或许还有一个原因，那就是我自己对生孩子的恐惧。

我常常会对接诊的孕妇们讲起一个故事。我在贡贝时，遇到过一只分娩的狒狒。生产过程本来很顺利，但这时恰好有一头豹子经过。这只狒狒母亲的子宫在长达数小时的时间里似乎停止了收缩。后来狒狒们转移到了林中另一个地方，那只狒狒母亲的子宫又明显恢复了收缩。第二天，她身边紧紧依偎着一只健康的狒狒幼崽。

我把这个故事讲给我的病人听是想提醒她们，我们的身体遇到危险便会中止分娩。狒狒中止分娩的原因是恐惧。对人类而言也是如此。对不太顺利的生产，我们的专业术语叫"滞产"。这也是需要剖腹产最常见的原因。在我看来，纾解孕妇的恐惧对产道分娩的顺利进行至关重要。当然，我并不是第一个意识到这一点的人。助产士们对此有很多长篇大著。然而我总是照着自己的方式去鼓舞孕妇树立对自己身体的信心，帮助她们以安定放松的心态去面对即将到来的分娩。这包括良好的饮食和生活习惯、孕期课堂和针对家庭问题的咨询。我常常鼓励孕妇写下自己对分娩过程的想象。在实际的生产过程中，我感到所有支持人员——尤其是医护人员和我自己——保持镇定的、鼓励性的态度非常重要。我发现在测量血压和检查骨盆时可以更合理地安排时间，以减少对病人的干扰；在保证安全的情况下，可以把监测设备的数量减到最少。给予孕妇更多的自由，鼓励她多走走，散散步，洗个澡，这些似乎都有助于分娩顺利进行。

根据我的经验，孕妇越放松，分娩就越顺利。但到底是分娩的顺利让产妇更为放松，还是放松的产妇更不容易遇到问题，其实很难说。然而，我接诊的孕妇的剖腹产率为 6%，远远低于同一家医院里其他二十五名负责接生的医生的水平。这些剖腹产婴儿都很健康。也是我运气比较好，因为即便是最高明的医生，也可能会碰到糟糕的结果。

我四十岁那年，我唯一的孩子即将在我家里出生时，我并没有像很多临产的孕妇和没有经验的助产士那样，被自己的叫喊声吓到。相反，它反而让我觉得安心，因为我的叫喊听起来就像顺利的分娩该有的样子。幸运的是，我以前曾有几次悄悄把我丈夫带进产房，让他把分娩过程用摄像机拍下来。因此他对临产产妇的叫喊声和样子也很熟悉，且能从容应对。我们一切顺利，我成功诞下一个七磅十二盎司的健康女婴。我的助产士说，这对她们而言是一次不同寻常的分娩。一开始她们不确定为什么，想着也

许是因为我本人也是名医生，但后来她们意识到，这是因为我没有流露出恐惧的迹象。我对分娩时向我寻求帮助的六百五十名产妇充满感激，因为正是从这些经验中，我学会了如何在自己分娩时克服恐惧。我也衷心感谢贡贝那只分娩的狒狒，她让我知道恐惧本身才是最大的障碍。

阅读这些回复时，有一点让我深受震动：在贡贝的经历以各不相同的方式影响着我们每个人。对人类行为方式及我们的行为与其他灵长类动物的相似之处的兴趣是我们共同的纽带。珍妮是我们做田野观察的老师，她总是鼓励我们所有人在离开贡贝之后继续思索贡贝的黑猩猩和狒狒。不论我们做什么，都会积极地从中发现意义和热情——这也是珍妮的方式。

珍妮不仅是学生、研究员和其他人士的杰出导师，她对高强度的旅行生活的驾驭能力也让我惊叹。她一年有超过三百天都在旅行，我知道她偶尔也会感到筋疲力尽。她在学校和教堂发表演讲，她的听众包括环保组织、商界人士和全球各国的要人。她善于利用时间。直至八十岁的高龄，珍妮仍拥有良好的记忆力和心智，在就濒危物种、地球母亲和永远绕不开的贡贝黑猩猩等话题发表见解或进行讨论时有精彩表现。

珍妮特别善于鼓舞周围的人。几年前，一个美丽的春日傍晚，大约三十个人与她一块儿出席一场在西雅图举行的聚会。那场聚会是非正式交流，有一场素食聚餐。主人家位于机场附近。聚餐过后，珍妮不动声色地组织我们围成了一个大圆圈，好让我们开始发言。我们当中有博物学家、记者、友人和教育家。突然之间，我们有了一个聚餐交流之外的目的。

珍妮面带笑容地走向一个结实的高脚凳。她看上去像个二十来岁而不是七十高龄的人，仪态无懈可击，马尾辫在灯光下熠熠闪光。"为什么我们不轮流介绍一下自己和各自的工作呢？"珍妮说道。这样一来，她既照顾到了每个人，又照顾到了整个集体。

介绍结束后，珍妮谈起了黑猩猩的故事以及她过去这些年的旅行。她把这些故事拓展成了对自己和黑猩猩族群生命的宏观审视。她谈到了自己的童年。有次她看母鸡下蛋看得入迷，以至于母亲认为她失踪了，后来才发现她藏在草窝里。谈及在贡贝的早年岁月时，她又提起了黑猩猩老斐洛和灰胡子大卫。随后，她又讲到了自己最近在中国和西班牙的演讲；讲到了她创立的青少年教育项目"根与芽"在全球的茁壮成长。她讲完后，所有人都备受鼓舞，决心为了"地球母亲"身体力行，成为楷模。我身旁的一位作家看上去已经找不出更合适的词，只是瞪着我赞叹道："哇！"

被珍妮的生命故事所鼓舞，很多人开始采取新行动，为实现梦想而努力。尽管珍妮为了实现自己儿时研究动物的梦想付出了许多心血，但我可以肯定，她绝对没想到自己开启的一些大门会为她赢得世界范围内的名声和影响力。

珍妮的新使命

二十世纪九十年代早期，珍妮乘飞机飞越贡贝河国家公园时，看到了公园周边大规模的毁林现象。事实上，从那时起，珍妮开始转变

和拓展自己原有的使命。从飞机上向下看，她能看见界限分明、绿意盎然的贡贝森林已被干旱退化的土壤所包围。地貌的变化让她警觉。那一刻，她做出了一个艰难的决定。她的生命将因此而改变。尽管她非常不愿意离开贡贝的黑猩猩和同事，她意识到自己必须行动起来，去保护贡贝周边的环境。只有这样，贡贝的黑猩猩才有可能在人类的步步进逼下活下来。这些绝望的人同样需要在这片土地上存活。

在我们那次贡贝之旅中，汤米和我也见证了珍妮如何通过她创建的草根组织"TACARE"应对这两项危机。这一组织致力于帮助贡贝附近的村民以可持续耕作方式替代传统耕作方式。出生在贡贝的农学家乔治·史图登对项目的规划和组织进行指导。我们拜访了贡贝国家森林公园附近的一些地点。我们看到，这些地方的农作物较为健壮，土地也开始复原。

珍妮和长期担任她助手的玛丽·路易斯建议我们去那些参与了TACARE项目的村庄看看。如果没有这次"田野走访"，我们便错过了了解贡贝未来基本走向的大好机会。

在基戈马市，一位热心的TACARE项目专员法迪利接待了我和汤米。法迪利非常健谈，举止大方得体。他开车带我们拜访了一些与TACARE合作开展环保活动的村庄。这些活动受到珍妮·古道尔学会的资助，以应对当地的环境问题和改善坦桑尼亚民众的生活为主旨。珍妮和玛丽知道我们一定会对贡贝河国家公园周边已实现的环保成果很感兴趣。

当时珍妮正在鼓舞当地的村民积极恢复植被、防止水土流失，期望能使当地地貌复原到二十世纪六十年代她第一次抵达坦桑尼亚的样子。尽管贡贝河国家公园没有遭到破坏，周边的土地却不是这样。由于战争和政治动荡，从基戈马市直至北方的布隆迪，坦噶尼喀湖岸边的山谷直到二十世纪九十年代早期都用来安置刚果和卢旺达难民。当地的坦桑尼亚人也觉得这一带很适合开垦成小型农场，为此又需要砍伐森林。由此导致的水土流失给当地生态造成了负面影响。黑猩猩和其他动物迁徙的走廊地带——他们需要这些天然通道进行迁移及与其他区域的动物进行交配，以获得更多样的基因——开始被破坏。对黑猩猩和其他物种来说，未来显得相当严峻。

早在几年前，珍妮就研究过这一现象背后的基本问题，并设计了一套解决方案。这一方案需要当地人的参与。贡贝河国家公园周边及北面的每个村庄都要选出一个环境主管、一个教育主管、一个公共健康主管。如果村庄比较小，那么一个主管可能需要身兼三职。他们会彼此沟通、彼此协作，同时也与驻基戈马市的 TACARE 专员保持联系及合作，共同致力于坦噶尼喀湖湖岸生态的恢复与维护。为了激励村民们积极参与，TACARE 会为参与项目的村庄提供一辆自行车，或用水管把新鲜的泉水引到村里。项目建立了专用的林场，这样一来，村民就可以从这些林场获得柴火，而不用再随处破坏林地。得益于这种努力，坦噶尼喀湖的湖水重新变得清澈，与贡贝河国家公园接壤的湖岸地带的水土流失现象大幅减少。

法迪利停下车，陪着汤米和我走到一块空地上。那里视野开阔，一眼能望出很远。远山上点点绿色就是过去这些年新种的树木。我不禁扬起了眉毛。我笑着对法迪利说："我注意到，坦噶尼喀湖现在很清澈，湖里能看到很多鱼。卫生官员跟我说，这一带的水里没有吸

血虫。"

"是呀！"法迪利高兴地叫出声来。"这是 TACARE 的功劳。村庄里的渔民和住在湖岸附近的居民都因此而受益。请看那边的山头，"法迪利一边说，一边指向远处的山谷，"你看，山上回植的小树正在生长。很多村庄都有了清洁的水。这些努力为大家带来了快乐，使大家更有劲头。"

珍妮也参与了对当地咖啡产业的改造。她鼓励当地人从种植传统的咖啡品种转向种植更可持续、对环境更友好的遮荫咖啡。当地坦桑尼亚人对咖啡的经营极为成功——这是一种双赢的局面，它不仅为当地居民创造了工作机会，同时也保护了当地的环境。

汤米和我曾受邀参加一场会议。与会者都是各个咖啡种植园的经理——全是坦桑尼亚人。他们表情庄重得像美国国会里的议员。向这些与会者做自我介绍时，我先是用斯瓦希里语简单地谈了谈我们的生活。他们似乎对我用斯瓦希里语很赞赏。之后我就靠法迪利为我翻译了。整件事最有意思的地方在于，我提到出于对环保事业的热情，我曾加入支持巴拉克·奥巴马的竞选阵营。当法迪利把我的话翻译成斯瓦希里语后，人群立刻爆发出一阵掌声和欢呼声。气氛瞬间变得融洽起来。

之后我们又参观了一个咖啡种植园和几个参与了 TACARE 项目的小村庄。此外我们还走访了几处新建的林场，林场里的树是九年前种下的，如今已经长得很苗壮。最后，我们还深入了解了珍妮创立的"根与芽"组织在当地学校和农村的实践。在提升全球青少年的环保意识、吸引儿童参与环保实践方面，"根与芽"做得十分成功。

TACARE 和"根与芽"的努力不仅改变了当地人的生活，也维护和改善了当地的生态环境。

当晚我们回到旅馆时，我觉得自己像个刚巡视完项目的外交官。我为法迪利抽时间为我们做导游和他对环保组织的热心参与表达了感谢。面对如此复杂的环保问题，珍妮展现的决心和从零做起的努力都让我深感敬佩。回到家之后，我以法迪利的名义为 TACARE 项目捐了一笔款以支持他们的环保事业。

最近，在南加利福尼亚，面对众多听众，珍妮发表了一次演讲。尽管我对她要传达的核心观点很熟悉，但我仍然愿意再听一次。珍妮引用她还是个小女孩时母亲对她说的话："如果你勤奋努力，捕获机会，永不放弃希望，你就一定能实现目标。"演讲结束时，一个高中生问她如何选择自己的事业。珍妮建议道："时机到来时，抓住机会，勇往直前。"珍妮这辈子就是这么做的。

要跟珍妮保持同步几乎是不可能的。她的工作节奏总是异于常人。我又一次想到她的家族基因——想到她驾驶赛车的父亲和耐心又专注的母亲——从中我能发现她成功的起点。但我也相信，卓越而持续的教养才能最大限度地发挥这些基因的潜力。在珍妮身上，天赋与教养美丽地融为一体。

当我和汤米重返美国，我重新投入行医生涯之中后，我常常想到能成为珍妮的学生之一是多么幸运。珍妮让我认识到，我们每个人终其一生都是学生。我也常常想起珍妮与别人谈起保护物种和自然环境的急迫性时所展现的决心和自信。这些年来，她也在我心中注入了投身环保的坚定热忱，为此我对她充满感激。正是这种使命感驱使我写

完了这本书，尽管这对我似乎是个不可能完成的任务。

在我继续为改善我的社区和家庭而努力的同时，我脑海中也常常浮现出另一个场景。这个场景是我在遥远的坦桑尼亚森林中形成的。我仿佛看到我们的先祖在树林和灌木丛中探路前行，采集食物，养育后代。我想象得出他们所取得的成功和忍受的艰辛。每当生活变得艰难，或我们美丽的地球的未来面临威胁时，这样的图景总是给我希望。同样给我希望的，还有与珍妮的相识。

结　语

　　六十一岁那年，为了完成本书的最后一章，我从自己忙碌的工作和家庭生活中短暂地逃离了一阵子。那个星期，需要急诊的病人格外多，我也更为疲惫。好在现在在距离西雅图两个小时车程的惠德比岛上的一个小屋里，我总算有二十四小时宝贵的空闲了。

　　在坐下来写作之前，我把笔记本电脑留在小屋里，独自驱车几英里到"埃贝登陆"保护区。那里有条小路直通悬崖，从悬崖上可以俯瞰整个萨利什海。过去三十年里，我常常沿着这条悬崖上的小路徒步而行，游览这个独特的自然保护区。这条小路高出水面 150 英尺，一侧是土地肥沃的农场，另一侧是奥林匹亚山脉的秀色。多数时候，我都会一边徒步，一边观赏西面海面上来往的船只和遥远的海平线。

　　我渴望聆听大蓝鹭清脆的啼鸣和岩石下方海浪拍击沙滩的声音；我渴望缅怀不久之前还在这片土地上生活的美国原住民。在这个不平凡的早春四月的温暖黄昏，漫步在这条小道上，呼吸着带着咸味的雾气，我的精神重新变得饱满。我跑下陡峭的山坡，为的是能好好欣赏一下涌动的海浪和西沉的夕阳。人们为保护这片土地而做的努力也让我赞叹。埃贝登陆国家历史保护区的地产构成独特而复杂，既有联邦级、州级和县级土地，也有私人土地。整个保护区由一个土地信托机构保护。得益于地方与国家环保团队持续不懈的努力，这处位于海岸线上的栖息地才没有沦为住宅区。也因此，徒步者才能继续饱览这里的风光、体会当地的历史。

沿着小路前进时，我的思绪不由得飘向海平面上方的片片薄云，飘向胡安·德富卡海峡上绚丽的落日余晖。我又回想起了坦噶尼喀湖上的辉煌落日。像往常许多时候一样，我的思绪自然又转向了贡贝的黑猩猩，特别是菲菲的哥哥斐刚——对他的回忆总是能触动我的心弦。在野外环境中，斐刚足足要比跟他体格一样的人类男性强壮三倍。然而，面对侵入他的领地的人类盗猎者，这种力量又有什么用呢？面对人类的武器，斐刚和其他黑猩猩一样无能为力——他根本不是在森林中流窜的武装盗猎者的对手。斐刚的生活没有在贡贝留下任何印记。他是位终极意义上的环保主义者。他的种族濒临灭绝在很大程度上是由于人类活动所致，这实在很不公道。

黑猩猩的大脑不像人类的大脑一样能够处理复杂的问题。尽管人类的 DNA 与黑猩猩的 DNA 只有 4% 的差异，但正是这 4% 使我们成为人类。我们处理复杂问题的能力和语言能力也取决于人脑与黑猩猩有异的这一小部分 DNA。比如说，就是这 4% 的基因让我能够深入理解我们与黑猩猩的联系及我们更为有效地应对复杂的现实挑战的能力。如果黑猩猩都能在其漫长的历史中成功地适应野外环境并繁衍至今，那么，大脑更为复杂的人类也应该能够为地球上的所有物种营造一个可持续的未来。

走在这条小路上，非洲和我的青春岁月如此遥远。我又回忆起生命里第一只触动我心弦的黑猩猩——巴布。和斐刚一样，巴布也会在我面前表演杂技。但与野生黑猩猩不同的是，巴布会在受到惊吓的时候紧贴在我胸前以求安心。巴布被解救前的样子一直在我脑中萦绕不去——他失去了父母，被囚禁在一个小木箱里，在西非的市场上被当肉卖。然而，当我四年后重回加利福尼亚时，我欣喜地看到，巴布正与斯坦福大学户外灵长动物研究所的同类互动。一只比巴布年纪稍长的雌性黑猩猩巴什福尔"收养"了他，疼他爱他如同己出。巴布由同类抚育这件事让我深感安心。

被送到灵长动物研究所四年后，巴布的生活环境又一次发生了变化。他和其他几只黑猩猩从一只新来的黑猩猩那里感染了乙肝。巴布成了一个乙肝病毒携带者。不久之后，巴布、一只名叫托普西的雌性黑猩猩，连同把病原体传给他们的黑猩猩莫格利一起被转移到了位于马里兰州的国立卫生研究院。在那里，他们被当成了研究对象。研究人员试图通过对他们的研究，开发出根治他们所患疾病的疗法。

后来，巴布又被转移到不同的研究所。先是得克萨斯，然后是新墨西哥，后来又被送回得克萨斯。巴布和托普西在得克萨斯生育了两个后代。最后，巴布被转移到了科罗拉多。尽管巴布被当作实验对象这件事让我感到不安，但令我欣慰的是，每次巴布被转移到新的研究所，当初把他从非洲救出来的人——那对居住在伍德赛德的夫妇——都会联系研究所以确保巴布健康无虞。巴布在得克萨斯时，他们甚至亲自去看望他。他们当然不希望巴布被关在实验室里供人研究，但他们做不了主。在被转移到科罗拉多后，巴布死于与针对他的研究相关的并发症。这只了不起的黑猩猩是我这辈子头一个黑猩猩朋友。他活了二十九岁。

巴布的一生跨越大洲，与人类及人类中的黑猩猩看护者都有过亲密接触，为夺走自己性命的乙肝研究贡献过自己的力量。当我得知巴布的最后岁月时，我像1973年最后一次拜访他时那样情不自禁地流下了眼泪。那时他才两岁半大。我至今依然能回想起我动身远赴非洲前，他跳入我怀中，比平时更长久地拥抱我的情景。那是我们最后一次见面。

在人类手中，黑猩猩巴布既体会到了获得解救及与同类相聚的喜悦，也感受到了被囚禁和用于医学实验的痛苦。我们人类与我们的表亲灵长类动物的关系很复杂，但毕竟在进步。许多年来，我们只是将黑猩猩当成实现我们目的的手段——不论是在太空竞赛中用黑猩猩替代人类宇航员，还是在研究中使用黑猩猩做生物医学实验。但在过去的十年里，我们意识到，随着科技的进步，很多实验不用黑猩猩也能进行。

在美国有些好消息：2013年6月，美国国立卫生研究院宣布，它将释放大约360只黑猩猩。这些黑猩猩过去一直被关在笼子里用于生物医学实验。最久的已经被关了三十年。他们不再被认为是进行研究不可缺少的要素。这些黑猩猩绝大多数都像巴布一样，很小的时候就从野外捕获，然后一辈子都活在实验室里。但国立卫生院还会留下五十只黑猩猩用于医学目的。这样一来，美国就成了唯一一个将黑猩猩用于科研的发达国家——直至 2015 年，届时，余下的这些黑猩猩也将在经过一段时间的过渡期后被放归野生动物园。

　　如今，一辈子都被当作实验对象关在铁笼里的黑猩猩终于可以被放归到像位于路易斯安那州的"黑猩猩乐园"之类的野生公园了。视频网站上有很多记录这些黑猩猩初尝自由时的动人情景的视频。在这些视频中，你可以看到，这些黑猩猩犹犹豫豫地走出笼子，平生第一次踏入被树木、天空和其他黑猩猩围绕的野生动物园。他们小心翼翼地走入户外环境，彼此抱在一起以求安慰。面部表情既好奇又恐惧。这景象十分震撼人心。很多被关起来的黑猩猩在我心里都有特殊的位置。在我写这本书的时候，黑猩猩依然出于研究目的被关在笼子里，而不是生活在合适的野生公园里。我们实在没有必要因进行医学研究而让他们忍受这种囚禁之苦。我们希望有一天他们能重获自由，在黑猩猩野生动物园里，被他们的同类和勤奋而富有同情心的看护人员所环绕。

　　当我在惠德比岛上悬崖旁的小径漫步时，我不禁又回想起同哈米斯·马塔马一块儿在森林中追踪黑猩猩的日子。我听托尼说，哈米斯后来又在贡贝当起了田野助手兼研究员。由于他熟知各类物种的名称和当地植物的习性，他被大家称作"林中哲人"。托尼还对我说，哈米斯还"知道很多从前的故事。现在的年轻人只顾着上学，更喜欢手机、笔记本电脑和足球，已经不记得这些故事了"。托尼还告诉我一件有意思的事：哈米斯的本名是"莫龙维"。我在贡贝的时候，他用

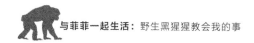

的不是这个名字，但现在贡贝营地的人都叫他"莫龙维"。

哈米斯依然在贡贝营地研究黑猩猩、为人们传播草药知识，而我也在西雅图的同一间诊所工作了整整三十二年。对来向我求助的病人，我心里依然满是热诚。我依然享受为病人进行诊断、制定诊疗方案的挑战。我会走进病人多姿多彩的生活中，并在诊疗的过程中与病人逐渐形成信任与尊重的关系。正是这种冒险支撑我每天工作十二小时。对我而言，能成为病人生活的一部分始终具有特殊的意义。这跟我对贡贝黑猩猩的感觉非常相似——能被允许观察他们、融入他们的生活，我心里充满感激。我与黑猩猩的接触拓宽了我对世界观、对各个物种的认知。我相信，这一经历使我成为一个更好的医生和父亲。我也知道，这同样使我成为更好的人类。

我乐于享受现代生活的种种便利，比如热水；比如在一天的辛苦工作后舒舒服服地躺在浴缸里泡个澡。但除此之外，我也常感到自己需要与大自然更加亲近；需要更多时间与亲友家人建立融洽的关系；我也希望在一天的工作结束时，疲惫的只是我的身体，而不是心理上的耗竭。

我常常想，未来也许我会在非洲、亚洲或中美洲的某个地方待上几个月甚至几年。我的妻子可以教书，而我可以继续行医。我们家的男孩们——如今他们已经是小伙子了——可以时不时来看望我们——并体验一下另一种全然不同的文化。不论我住在哪里，我都希望自己怀有强烈的目的感。由于我与黑猩猩相处的经历，我希望我能在生态富饶的地方为当地的环保贡献一份力量，可以是贡贝，也可以是巴西或马达加斯加的雨林。我也很愿意听听当地人讲自己的生活，并把自己过去的探险经历分享给他们听。

对珍妮、贡贝的黑猩猩以及哈米斯，我将永远充满感激。是他们让我有机会亲身体验野生森林的生活，让我收获了希望、梦想和自信。温迪和我梦想着有一天，作为灵长类动物的人类也能同黑猩猩一样，去试着与大自然和谐共处。我们也梦想着，我们的孙辈、重孙辈也能从与黑猩猩——我们的灵长类表亲——的相处中体验到深刻的愉悦。在如何做人类的问题上，我们的这些远亲还有太多东西值得我们学习。

致　谢

在我的成年生活中，珍妮·古道尔一以贯之地给我指引，并为本书撰写了序。我由衷地感谢她。

我的父母帕蒂和杰克精心地保存了当年我从非洲寄给他们的信件。这些信件构成了本书第一章的基础。

《与菲菲一起生活》的写作初期，我参加了斯坦福大学为校友而设立的首期"隐居写作"项目。斯坦福大学的讲师和作家阿丽莎·奥布莱恩（著有《我的生命之毯》）给了我许多灵感。

米歇尔·泰斯乐是我所信任的、出色的文学代理。她帮我物色到了珀伽索斯出版社的社长凯利伯尼·汉考克。后者满怀热忱地接受了《与菲菲一起生活》这本书。

劳拉·加伍德对本书的手稿进行了出色的润色和编辑。

以下六位作者为本书手稿的定型和完善提供了可贵的指导，他们是：

索尔·汉森（著有《种子的胜利》）

布伦达·彼得森（著有《狼族》）

克莱尔·霍格森·米克尔（著有《拯救河马！》）

彼得·阿弥斯·加林（著有《布鲁斯》）

詹姆斯·泰耶（著有《八孤儿之家》）

菲尔·汉拉汉（著有《追随法瑞的日子》）

在撰写本书的过程中，我也得到四位自由编辑的支持，他们是：琳达·古达森，马勒尼·布莱森，马切乐·鲁宾和赛普锐斯·豪斯。

以下人士为本书贡献了素材：

哈米斯·马塔马·马亚那，田野助手、本书作者的朋友

大卫·安东尼·柯林斯（安东），狒狒研究专家、翻译

阿卜杜勒·纳塔度，田野助手、翻译

托马斯·克洛克，本书作者的儿子

曾在斯坦福大学和贡贝担任研究员的人士：

南希·梅里克，内科医生

查克·德·西耶斯，家庭医生

卡思琳·莫里斯，家庭医生

其他为本书贡献素材的人士还有：

理查德·朗汉姆，哈佛大学人类进化生物学系（著有《雄性暴力：猿与人类暴力的起源》）

大卫·A.哈姆伯格，国家药物研究院前主席

保罗·维特，纳内特·罗斯塞尔，艾米莉·普里斯·吉布森，格兰特·舒尔，塔维斯·阿博特，维尼·多杰尔，托比亚斯·唐，苏

珊·克洛克，汉克·克莱恩。

珍妮·古道尔研究会及坦噶尼喀湖水域植被重建和教育组织（TACARE）

摄影支持：玛丽·帕里斯（珍妮·古道尔研究会），《国家地理》杂志，科特·布瑟尔，艾米莉·芮斯，安妮·浦斯利，格兰特·海德里希，玛丽亚·费尔南德斯；阿达杰·吉策曼为本书提供了封面照片。

最后，谢谢我的妻子温迪为支持我的写作所付出的大量时间；谢谢我的儿子帕特里克对黑猩猩的兴趣及为模仿黑猩猩叫声所做的练习；谢谢我的儿子托马斯（汤米）陪我重返贡贝。

一本书的完成包含许多人的努力。《与菲菲一起生活》是我创作的第一本书，谢谢所有为我写作本书提供支持的人。